朱良志作品系列

顽石的风流

中华书局

图书在版编目（CIP）数据

顽石的风流 / 朱良志著 . –北京：中华书局，
2017.6 重印
ISBN 978–7–101–11785–1

I . ①顽… II . ①朱… III . ①观赏型–石–鉴赏–中
国 IV . ①TS933

中国版本图书馆 CIP 数据核字（2016）第 093730 号

书　　名	顽石的风流
著　　者	朱良志
封面题签	徐　俊
责任编辑	马　燕
装帧设计	刘　丽
出版发行	中华书局
	（北京市丰台区太平桥西里 38 号　100073）
	http：//www.zhbc.com.cn
	E–mail：zhbc@zhbc.com.cn
印　　刷	北京雅昌艺术印刷有限公司
版　　次	2016 年 8 月北京第 1 版
	2017 年 6 月北京第 2 次印刷
规　　格	开本 /635×965 毫米　1/16
	印张 18.25　字数 150 千字
印　　数	10001–18000 册
国际书号	ISBN 978–7–101–11785–1
定　　价	58.00 元

目录

上篇　品石的智慧

世界上没有哪个民族不爱石头的，有山就有石，石和人的生活密切相关，但中国人对石的爱在世界上又是非常独特的。

世界上没有哪个民族不爱石头的，有山就有石，石和人的生活密切相关，但中国人对石的爱在世界上又是非常独特的。

中国人有玩石的传统。唐人已爱石成癖，白居易爱太湖石，"待之如宾友，亲之如贤哲，重之如宝玉，爱之如儿孙"。此风至宋尤盛。曾几说："闲居百封书，总为一片石。"一片石几乎使他的生活发生了改变。

米芾爱石出了名，自嘲道："癖在泉石终难医。"他在涟水做官时，藏在书屋玩石不出，按察使杨次公去见他，劝他不能以石废事，米连取数石，一石比一石妙，玲珑可爱，在杨面前翻来翻去，并说："这样的石头，我怎能不爱。"杨最后实在忍受不住，说："非独公爱，我亦爱也。"从米手上夺一石，上车去也[①]。

东坡的"小有洞天"石，堪为天下名石。他做了个香木底座置放之，座中藏香炉，正对着岩岫的孔穴间，每焚香，香烟由石穴中穿出，产生烟云满岫的感觉。后来这块太湖石到了黄山谷家，山谷后人将它和山谷授官文书告身同置一箧中，石头也成了供奉的宝物[②]。

东坡说："园无石不秀，斋无石不雅。"石和中国人的艺术生活有密切的联系：一片顽石，成为几案上的清供；叠石成山，成为园林营造的基础；盆景是园林艺术的扩大化，也与石密切相关。

中国人爱石，赏它，玩它，品味它，将石当做朋友，甚至当做自我生命的象征，以石来安慰心灵，并通过石头来看宇宙人生的大道理。品石，不光是对石的欣赏，所看重的也不全在其审美价值或者实用价值，很多人是通过石来玩味生命，从中寻找生命智慧的启发。

有一句流传久远的赏石名言叫做"千秋如对"——石

① 据费衮《梁溪漫志》卷六记载："米元章守濡须（今安徽无为）。闻有怪石在河壖，莫知其所来，人以为异而不敢取。公命移至州治，为燕游之玩。石至而惊，遽命设席，拜于庭下曰：'吾欲见石兄二十年矣。'"叶梦得《石林燕语》卷十："知无为军，初入州廨，见立石颇奇，喜曰：此足以当吾拜。遂命左右取袍笏拜之。每呼日石丈。"

② 此据南宋赵希鹄《洞天清禄集》记载。

者，永恒之物也，而人只有须臾之身，以须臾之身独对永恒之石，油然产生对自我生命的怜惜。石顽然不动，无声无臭，而人则每被困境所缠绕，观此石，时而起生命理想的驰骛。

石兴人哀怜之叹息，也能振刷人的精神。明末松江艺术家莫是龙说："忽寻苍翠深，巉巉立孤石。借尔白玉姿，对此青霞客。"石有"白玉姿"，人是"青霞客"，是枕流漱石之人，是林下沧浪之士。以此青霞缘，独"对"白玉姿，人与石相与缱绻，自有无边的浪漫①。

前人品石，或将其概括为瘦、漏、透、皱，或以清、丑、顽、拙评之，或谓之苍、雄、秀、深，等等，这里说的都不是作为物质的石，石头被人的温情拥抱。一块顽石，深动人的幽情。

中国人玩石，与其说是品石，倒不如说是品人，通过石来品味人生，品味生命。

正因此，本书开篇说石之序、石之美、石如何可人。

第一章 石的"秩序"

石进入中国人赏玩的视野，从广义的角度说，就变成了艺术品。品石赏石者，都可以说是艺术家，他们在一块顽石中完成自己的艺术创造。灵心独运，变幻其形，斟酌其位，置于诗意的氛围中，何尝不是艺术的创造！

但他们是在"天工"的基础上创造，他们在赏石中追求"天趣"。

欣赏石，潜藏着中国人反人工秩序的思想。在中国艺术家看来，石是有"秩序"的，石为天工所开。石的秩序，就是天的秩序——天以无秩序为秩序。

天趣和人工是中国艺术中的一对概念。天趣即自然，自发自生，所谓天机自动、天全不雕；又是自由的，无约束的。而人工则是理性的，知识的，雕琢的。中国人认为，天趣高于人工，生命创造的根本原则就是由人工复归天趣。

明代园林艺术家计成说："虽由人作，宛自天开。"（《园冶》）这八个字可以说是中国艺术的一个纲领，含有三层意思：

一切艺术都是人所"做"的；

"做"得就像没有"做"过一样，不露任何痕迹；

"做"得就像自然一样。

这三层意思有两个要点，一是以自然为最高范本，二是对人工秩序的规避。而这两个要点又相互关联，它可以归结为一句话，这就是：在师法自然原则下规避人工秩序。

艺术是人的创造，为什么要规避人工的痕迹？这是因为，在中国艺术家看来，"人工"与"天趣"相对，人工痕迹露，天然趣味亏。人工反映的是人类理性的秩序，带有一定的目的性，具有重技巧的倾向，创造受到既成法度的限制，人的情感欲望等在其中也会起到一定的作用，等等。艺术家在如此状态中的创造，是一种不自由的创造，不自由的创造，只能破坏人的内在生命平衡。所以，中国艺术强调由人工返归天然，即从人工秩序中逃遁，归复于自然的秩序，它所高扬的是一种自由创造精神。

从人工秩序中逃遁、归复自然，是中国人赏石品石所遵循的基本原则。在一定程度上可以说，没有这一潜在的原则，也就不可能形成中国人独特的欣赏顽石的文化。

三千多年前，伟大的音乐家伯牙随老师成连学琴，学了三年，以为自己学到了真本领，老师说："这还不够，不如让我的老师来教你吧。"他将伯牙带到海边，在一棵松树下，让伯牙等候，他去请老师。伯牙在这里等啊等啊，就是不见老师以及老师的老师来，他看着茫茫大海，放眼绵绵无尽的山林，不由得拿起琴来弹，琴声在山海间飞扬，在天地间飞扬。他忽然明白了老师的意思——成连所介绍的这位老师就是天地宇宙，音乐不是简单的艺术，而是与天地宇宙晤谈的工具，他向着茫茫大海诉说着寂寞，向着苍苍山林传递着忧伤。这时，他与天地之间的界限突然间无影无形，他像天地间的一只山鸟，培着清风，沐着灵光，自在俯仰。

师法造化的观念是中国品石文化形成的基础，其核心就

杂卉斓春色环峯

积雨痕譬若古贞

士终身伴菜根

唐寅

明　唐寅　立石丛卉图　纸本　52.6×28.6厘米

在于推重一种融入世界中的智慧。这里以中国赏石文化中的怪、顽、瘦、朴四个字，来尝试分析这一问题。

在这四个字中，怪侧重于脱略常规、不同凡响；顽是野逸放纵、无所羁绊；瘦是风神飘举、独立不羁；而朴则是未被雕琢、一片浑沦。四者重点都在拒斥理性的干扰，挣脱知识的束缚，都在建立天的秩序，不是人为世界立法，而是人融入世界的节奏秩序中去。

一　石之怪：质疑正常

石头是大自然的作品，无奇不有。中国人有崇拜怪石的风习。明代的《小窗幽记》说："墙内有松，松欲古；松底有石，石欲怪。"又说，要以怪石"为实友"[1]。

怪石嶙峋，非平常蹊径，出人意表。唐吴融《太湖石

①《小窗幽记》，一名《醉古堂剑扫》，十二卷，一说是明陈继儒所辑，一说是明陆绍珩所辑，此书曾传入日本。今传有日本嘉永六年（1853）刻本，题为松陵陆绍珩湘客父选，溪于汝调鼎石臣父等同参。此见是书卷十二集《倩部》。

歌》说：

> 洞庭山下湖波碧，波中万古生幽石。
> 铁索千寻取得来，奇形怪状谁能识。①

①据明林有麟《素
园石谱》卷二引。

　　谁能说清它们是怎么来的，怎么创造的；谁能说清它们
符合什么样的审美法则，像什么样的物？谁又能说清它们有
什么样的用？但就是这说不清道不明的奇怪石头，成为中国
文人的至爱。

　　唐人就有好怪石之风，今见阎立本的《职贡图》，描写
外邦朝贡物品，有象牙、羚羊等，其中卷中最左有三人手捧
山石盆景，其中有一盆景山石呈灵芝之状。另有三人抱着玲
珑剔透的石笋。盆景和石笋形状奇特，非凡常所见。说明当
时好怪石之风颇为浓厚。

　　中唐以后这股风气在文人中盛行，有平泉别业的李德

唐　阎立本　职贡图　绢本设色　61.5×191.5厘米　台北"故宫博物院"

裕酷爱怪石，此园位于洛阳，园虽不大，但在后代文人园林的发展史上影响很大，园主人李德裕赋予此园独特的文化观念。后人有诗评道："怪怪奇奇石，谁能辨丑妍。莫教赞皇见，定辇入平泉。"①一看到怪石，就想到平泉主人。平泉中收集的怪石名品极多，两宋以来，收集平泉怪石遗物一时成为收藏界的雅尚。

品石高手白居易痴迷怪石，他曾得到两块灵璧石，以为至宝，有诗赞道："苍然两片石，厥状怪且丑。"他对太湖石的推崇更是为人熟知。他有诗说："远望老嵯峨，近观怪嵌崟。"他从朋友那里得到奇形怪状的太湖石，高兴非常，有诗咏道："奇应潜鬼怪，灵合蓄云雷。"意思是石的奇形怪状令鬼神都觉得惭愧。

宋代文人爱石，以怪为上，很多人染上怪石癖好，米芾沉溺其中最深。而宋徽宗筑艮岳，好天下奇石，其中最神迷于太湖的怪石。今藏于北京故宫博物院的《祥龙石图》，被认为是徽宗真迹，所画即为太湖石。这块石头造型怪异，孔穴连绵，中有皱痕。图左有题云：

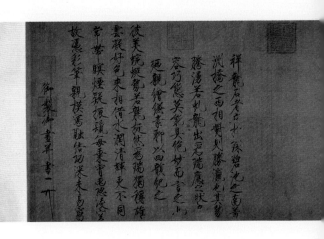

祥龙石者，立于环碧池之南、芳洲桥之西，相对则胜瀛也。其势腾涌，若虬龙出为瑞应之状。奇容巧态，莫能具绝妙而言之也。乃亲绘缣素，聊以四韵纪之：

彼美蜿蜒势若龙，挺然为瑞独称雄。云凝好色来相借，水润清辉更不同。常带暝烟疑振鬣，每乘宵雨恐凌空。故凭彩笔亲模写，融结功深未易穷。

奇怪的石头在他看来，是美的，是吉祥的。徽宗细笔轻钩，以见轮廓，层层渲染，以出阴影，怪石之状活灵活现呈出，太湖石的清劲、温润、细腻、幽深、奇崛，于此一图得见。

今藏于日本根津美术馆的《盆石有鸟图》，传为徽宗所作，画的也是太湖怪石。通过徽宗的描写，我们对当时爱怪石的风习，或可以有直观的印象。

艮岳之建，收天下奇石。后来宋室南迁，没有完工的艮岳顷刻间毁颓，而其中的石头也随旧朝而作风云散。数百年间文献中有大量记载与艮岳的奇石相关，还有不少名石一直流传到今。今北京北海琼岛上的湖石就有不少来自艮岳，中

宋　赵佶　祥龙石图卷　53.9×127厘米　北京故宫博物院

山公园中的青莲朵，据说也是艮岳的名石。虽然是丑石，但徽宗却不这样看，他在《艮岳记》中写道："凡天下之美，古今之胜在焉。"

宋代典籍中对这种好怪石的风习有详细记载。南宋末年赵希鹄《洞天清禄集》有《怪石辨》一节，该文云：

> 怪石小而起峰多，有岩岫耸秀嵌嵌之状，可登几案观玩，亦奇物也。其余有灵璧、英石、道石、融石、川石、桂川石、邵石、太湖石。
>
> ……
>
> 灵璧石出绛州灵璧县，其石不在山谷，深山之中掘之，乃见色如漆，间有细白纹，如玉然。不起峰，亦无岩岫，佳者如菡萏，或如卧牛，如蟠螭，扣之声清越如金玉，以利刀刮之略不动。此石能收香斋阁中，有之则香云终日，盘旋不

北京中山公园青莲朵

散，不取其有峰也。伪者多以太湖石染色为之。

......

太湖石出平江太湖，士人取大材，或高一二丈者，先雕刻置急水中，春撞之久，久如天成。或用烟熏，或染之色，亦能黑，微有声，宜作假山用。

所列诸石，形式都不规整，色彩黝暗，有悖常规，都是"怪"。南宋杜绾《云林石谱》所录名石百余种，多为怪石。如其云：江华石"率皆奇怪……峰峦巉岩，四面已多透空，嵌怪万状"；太湖石"有嵌空穿眼，宛转嵌怪"；临安石"四面嵌空险怪，洞穴委曲"，等等。

宋　玄芝岫　黑灵璧石

香港苏富比拍卖行曾拍卖的一件名为"玄芝岫"的黑灵璧石，是五代南唐宝晋堂的遗物，被视为中国奇石的无上妙品。上面刻有北宋米芾，元虞集，明文徵明、文彭、文嘉等的铭文，是一件流传有绪的怪石。米芾题有：

> 爰有异石，征自灵璧。匪金而坚，比玉而栗。音协宫商，采殊丹漆。岳起轩楹，云流几席。元祐戊辰米芾谨赞。

这件作品通体黝黑，形状怪异，不像一物，表面有水冲刷留下的水道、皱纹，沟壑纵横，脉络杂陈，如老树之根，四面布满孔穴。这件黑物，无物堪比，非色可陈，不名一状，无本无根，初视之甚至令人有恐惧之感。简直就是一片黝黑，一团混沌。

这样一件怪物，颇合于老子"大白若辱"的思想——最光明的东西原来是没有光明的。米芾说它是"采殊丹漆"，黑色的世界具有无比的灿烂。它不类一物，置于几案，使人联想到山峦起伏、云起云收。奇形怪状，在米芾们看来俨然天下最美之物。它没有琴瑟之弦，扣之却有清越之声，传出绝妙的声响。这个万年遗物，是个老朽的存在，米芾们却将它看活了，在他们的目光中，水在流动，气在氤氲，山林葱茏之态跃然眼前。

一拳顽石，浑沦一团，人们欣赏这样的对象，反映出独特的文化心理和审美态度，其中包含质疑所谓正常理性的重要思想。

中国人欣赏怪石，不是猎奇，而是欣赏一种脱略常规、超越秩序、颠覆凡常理性的观念。如果说这黑灵璧石是怪的，意识里就有什么东西属于正常的标尺，这个所谓"正常"

的秩序是依照人的理性而建立的，是人知识的产物。我们以为"正常"的秩序，是合情、合理的。所谓合情，就是易于为人们接受，如美丽的色彩为人们欣赏。所谓合理，是符合一定的理性法度。而正如道家和禅宗哲学所强调的，一切人们先行建立起的理性的秩序和标准，都不具有天然合理性，因为他是"人"的，即人依一定的知识系统和情感原则建立起来的，用这样的秩序去解释一切对象，显然有以"人"律"天"的意味。道禅哲学反对这样的强行解说模式，强调放弃"以人为量"的方式，而"以物为量"——以天地的秩序为秩序。

怪与正常相对，我们将那些不规则、超出我们审美习惯的东西说成是怪。而我们称之为正常的东西难道是真正的正常？正常的秩序难道就是不可怀疑的标准？从人类发展的历史看，在一定程度上说，所谓"理性"就是对"非理性"的强行征服，我们将不规则、不整齐划一、有异端成分、有特别思虑的东西，

寒山寺灵璧石

排斥在正常的范围之外。人类以理性的名义对良知征服的惨痛例子实在太多了。

中国人爱怪石，是要将被"放逐"的东西重新请回来。因为"背井离乡的人"怀念自己的故乡，他们适应不了文明给他们的虚假外衣、装饰给他们的令人厌恶的门面、理性给他们的莫名其妙的说辞，他们要回到自己的故乡。

二　石之顽：强调无用

怪石，也是一种顽石。本名为《石头记》的《红楼梦》，就由一块顽石写起，当初女娲补天，单单剩了一块未用，便弃在此山青埂峰下。得仙人携向人间幻而为人，所谓无才可去补苍天，枉入红尘若许年，于是，历尽离合悲欢炎凉世态。顽石，是一块无用的石头，也是一块狷介的石头。传东晋高僧竺道生聚石说法，众石点头，即所谓"高僧说法，顽石点头"之传说。高僧说的是无法之法，说的是任由野意自在彰显的法，所以顽石点头，不是被其教化，而是放之使飞。

宝玉这块无忧无虑的石头，经历一段红尘的雕琢，却是一段痛苦的里程，顽性未退，便处处有抵牾。贾政厉声斥责，宝钗们劝他"还是改了吧"，他还是不变旧性，使他这段红尘经历变成了一段"枉"事——无意义的过程。中国人爱顽石，爱的就是这种历经磨难而不改的"原性"，爱的就是不被驯服的"野性"。

中国人欣赏石的品性中，"顽"是突出的特性。《历代名画记》记载唐代画家多喜画顽石，尤其是那些山林野逸之人。如青州画家吴恬"好为顽石，气象深险"。宋高雄飞《独石》诗说："一块苍顽石，颓然半水滨。可怜阎立本，徒写五湖真。"[1]意思是，这顽石奇形怪状，极尽变化，连绘画高手

[1] 据鲜于枢《困学斋杂录》，《文渊阁四库全书》本。

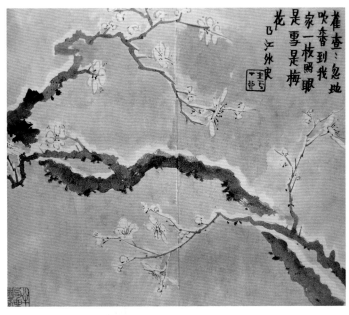

清 金农 梅花册之二 北京故宫博物院

阎立本也难以图写。

郑板桥说："得美石难，得顽石尤难，由美石转入顽石更难，美于中，顽于外，藏野人之庐，不入富贵之门也。"他爱石，更爱石之顽。老子有"被褐怀玉"的说法，穿着粗布的衣服，此比喻地位低下的人，但却有"怀玉"之心。不是张皇门面，真正有智慧的人深藏而不露，庄子谓之"葆光"——葆生命之光芒。顽石为人们所深爱，正有这思想因缘。

中国人以"顽"来赏石，强调它的"无用"性。

宋代词人辛弃疾有词云："味无味处求吾乐，材不材间过此生。"材与不材是一种生命智慧。庄子认为，人们都知道有用的东西是好的，但不知道有用往往是和毁灭消亡联系在一起的。山木有用，却短命，桂树可食，却易被砍伐。有用为伤生之道，无用为守全妙方，无用之用，是为大用。庄子曾说过一个"散木"的故事。

有一个叫石的木匠，与徒弟一道到山林中寻木材，看到一棵高大无比的栎树，遮天蔽日，粗到百人也抱不过来，人们将它当做神树，祭拜的人摩肩接踵。石木匠看到这样的树，头也不回，一直往前走，这徒弟却被迷住了，忍不住在那里观看。他追上师傅，说："我跟随师傅在山林里选树，从来没有看到像这样奇美的树，真弄不懂，你为什么头也不回就走了呢？"石木匠说："不要说它啦，这是一棵'散木'，大而无用，以为舟则沉，以为棺椁则速腐，以为器则速毁，做门做窗会被虫蠹。这是'不材之木'，就是因为无所可用，它能得其终年。"

一棵怪树，丑树，无用的老树，庄子称为"散木"，正因其"不材"、无用，所以能得全其天年。枯、怪、丑，虽然比不上郁郁葱葱，比不上撑天的栋梁之材，但却得天全，得道。所以庄子说做人，要处于材与不材之间。此道，就是无用之道。

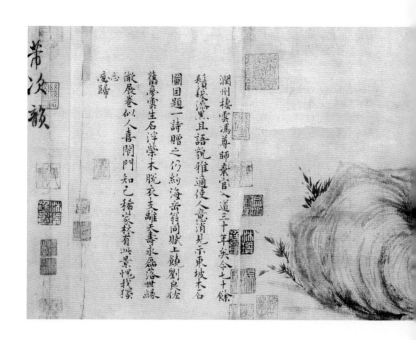

　　《庄子》中还有这样的故事，吴王大胜，顺江而下，前面是一片猴山。山中的猴子见到大兵压过，尽皆逃去，惟有一只手段高明的猴子没有跑，弓箭手射之，它长臂一挽，就接到了。吴王大怒，命众弓箭手四面射之，最后这只猴子被射死了，它因迷恋技术而丢了性命。

　　无用，被视为生命存养的妙方。这样的思想对中国人影响既深且巨。石之所以成为中国文人的至爱，与这一思想是密切相关的。

　　苏轼是赏石文化的推动者。他是一位画家，但流传画迹不多，史籍中记载和我们今天能见到的苏轼绘画作品，多与顽石有关。他在一组诗的序言中说："饮醉后作顽石乱篠一纸，私甚惜之。"[①]今藏于上海博物馆的苏轼、文同等的《六君子图》，其首段则是苏轼所画怪石，其状奇特，轮囷满纸。北京故宫博物院藏苏轼的《枯木怪石图》更是一件著名的

①《苏轼文集》卷五十九"尺牍"，中华书局1986年版。

宋　苏轼　枯木怪石图　北京故宫博物院

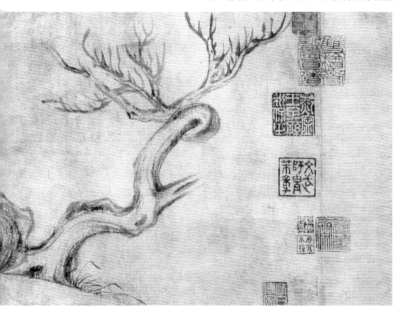

作品。

苏轼曾作有《怪石供》、《后怪石供》、《咏怪石》等多篇诗文，由怪石引发深入的思考。其中《咏怪石》长诗，如同一篇《庄子》的续文，诗写道："家有粗险石，植之疏竹轩。人皆喜寻玩，吾独思弃捐。以其无所用，晓夕空崭然。"接着写他做了一梦，梦里这块石头来到他面前，对他说：你所说的那些有用的东西，其实都是"伤残破碎为世役，虽有小用乌足贤"，因为有"用"而伤了自己的真性，成了一个残缺不全者。而我虽然无用，但是，"子今我得岂无益，震霆凛霜我不迁。雕不加文磨不莹，子盍节概如我坚？以是赠子岂不伟，何必责我区区焉？"[①]听到这些话，主人忽然感到惭愧不已，从梦中惊醒。苏轼通过怪石的无用，表达自己的颐养生命之道。

石没有用处，一如东坡在《儋耳山》诗中所说："突兀隘空虚，他山总不如。君看道傍石，尽是补天余。"[②]无用处就是其用，无价值中有至宝。

禅宗以顽石来说即物即真、即烦恼即如来的道理。美玉出自顽石，人们好美玉而轻顽石，以其为无用，其实，无用者大用。一位禅师说：

> 美玉藏顽石，莲华出淤泥。
> 须知烦恼处，悟得即菩提。[③]

一切烦恼皆佛之恩惠，清洁的莲花从淤泥中绽放，温润的美玉来自于顽石的琢磨，不是为了清洁而远离污浊，为了温润之玉而抛弃那坚硬的冰冷的石头，即污浊即清净，即顽拙即温润。

中国人重顽石，重视它"野逸"的特性。

①见《苏轼诗集》卷四十八第2605页，中华书局1982年版。

②见《苏轼诗集》卷四十一，中华书局1982年版。

③《五灯会元》卷十六载处州灵泉山宗一禅师上堂语。

这种无用的石头是顽野的。计成说，"片山块石，似有野致"，正是此理。顽，即疏野，倔强，不屈服，不披文明外衣，是一个与"文"相对的概念。

李日华有诗云："野亭容傲士，黄叶落幽襟。"恽南田说："横琴坐忘，殊有傲睨万物之容。"这里提倡一种傲气。中国诗人有这样的感叹："野哉，诗之美也。"这种美是放旷傲慢、睥睨万物的美，和那种细腻温雅的美是不同的。

《庄子·田子方》中记载一个故事："宋元君将画图，众史皆至，受揖而立，舐笔和墨，在外者半。有一史后至者，儃

明 洞天岫 黑太湖石

英石青昙峰

儃然不趋，受揖不立，因之舍。公使人视之，则解衣，般礴，裸。君曰：可矣，是真画者也！"这个画家不守规矩，不循礼数，傲慢，粗野，无所畏惧，不怕掉脑袋，庄子认为他是"真画家"，就在于他的自由之性。

我们知道，在中国传统社会中，这样的画家只能存在于想象之中，社会中充满了太多的血腥，不要说在朝廷上撒野，就是稍有言辞上的不慎，可能都会掉脑袋。但这个故事却在艺术界流传着，人们欣赏他那种睥睨一切的意气，那种不为一切威势撼动的情怀，欣赏空无一事的心性。

《二十四诗品》有《疏野》一品，其云："惟性所宅，真取不羁。控物自富，与率为期。筑室松下，脱帽看诗。但知旦暮，不辨何时。倘然适意，岂必有为。若其天放，如是得之。"疏野的核心思想在惟性所宅，去除一切文明的繁文缛节，真率天放，不忸怩作态，不伪饰欺人，所谓天然去雕饰也。皎然《诗式》云："情性疏野曰闲。"有疏野，就有性灵的自由。

　　中国人在顽石品赏中所拈出的"野致"，正是这性灵自由的思想。

　　总之，一拳顽石中，藏着一个没有被驯服的世界。抚摩一块顽石，如同抚摩一个千古的故事，一个大荒岭下原初的事实。在冷硬清瘦之中，裹着一个不容被浸染的世界。石是荒野的艺术，坦陈着它倔强的真实。而人，在理性阴影下的人，是被塑造的。人们爱石，爱的是这种精神。顽石不是温雅的，细腻的，不是即之也温，而是扪之而粗，视之而丑。

清　八大山人　怪石图

三　石之瘦：推宗独立

中国人从石中，得到生命的鼓舞，坚定自我的生存意志。在道禅哲学看来，人来到世界上，少不了要被"染"，无色的心灵被涂上不同的颜色，甚至是很脏乱的颜色。人在知识的塑造中，很容易丧失自己的独立性。所以，人精神的独立尤其重要。庄子认为，人要归于"独"的自由境界，就必须"解其天弢"——解除套在人心灵上的厚厚的盔甲，还归于天，也即还归于自由。

中国人赏石爱其"瘦"，即重其作为独立不羁精神境界的象征。望着它未被雕琢的身影，忽然觉得自己是这样被锤炼，这样被蹂躏，这样被塑造，这样被篡改，不可挽回的篡改，无法抗拒的篡改，甚至有时是心甘情愿地被篡改，更有甚者，是追着喊着要去被篡改。一块石头，告诉你生命本来的真实，照出你被篡改的内容。

瘦，是中国审美趣尚中微妙的内涵之一，尤其在文人艺术中。瘦，不是外在形式上的偏好，它是士人独立人格的象征，瘦标示的是离俗的耿介、清逸和超远之情。

瘦与肥相对，肥易落色相，流于俗腻，易生媚态，而瘦是耿耿独立，凛然难犯，它是清癯的，幽淡的，平宁的。在中国

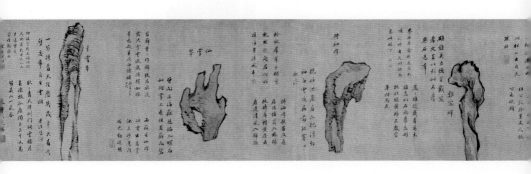

艺术家看来，瘦具有很高的审美价值。古诗有云："雪尽身还瘦，云生势不孤。"董其昌认为"此颇足以状石"①。这样的孤独清瘦不知带去了多少艺术家的清魂。

倪云林有诗道："身似梅花树下僧，茶烟轻扬鬓髯鬓。神清恰似孤山鹤，瘦骨伶仃绝爱憎。"②绝去束缚，无爱无憎，透脱自在，便有真正的活泼。清初画家吴渔山有一幅仿倪作品，今藏北京故宫博物院，题诗道："倪君好画复耽诗，瘦骨年来似竹枝。昨夜梦中如得见，低窗斜影月移时。"云林的画有一种不易觉察的瘦骨清相。这样的传统为后人竞相模仿。

苏州留园本以石胜，主人特别推重石的清瘦之性。

留园，本名刘园，本为清嘉庆时观察刘恕所有。刘恕，号蓉峰，他所精心营造的留园本为明徐泗卿之旧园，本名东园，园之设计者为明画家周时臣。当时此园就以石著名，其中号称天下第一石的"瑞云峰"，本就是此园之宝物，今立于苏州第十中学校园内。

明袁中道《园亭纪略》云："徐泗卿园，在阊门外下塘，宏丽轩举，前楼后厅，皆可醉客。石屏为周生时臣所堆，高三丈，阔可二十丈，玲珑峭削，如一幅山水横披画，了无断续痕迹，真妙手也。堂侧有土垄甚高，多古木。垄上有太湖石一座，名'瑞云峰'，高三丈余，妍巧甲于江南，相传为朱勔所

①《画禅室随笔》卷二。

②倪云林《清閟阁集》卷八《江渚茅屋杂兴四首》之一。[(叶)字处应为平声。(身)字处应为仄声。(神情)显错。第三句(恰)字金元法作(又)疑为异文。以上参考(金元法)。]

清 王学浩 寒碧庄十二峰图（残卷） 绢本 30×254厘米

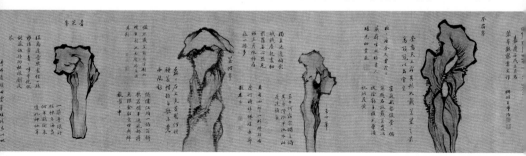

①《袁中郎全集》
卷八。

②清人潘奕隽曾作
《寒碧庄十二峰图为刘
蓉峰观察》，其云:《奎
宿峰》:"书堂异石应星
文，冠顶飞来缥缈云。
要与传经职奇瑞，奎
光夜夜映香芸。"《玉女
峰》:"凌波仿佛佩声
迟，雾鬓风鬟世外姿。
拟借湖亭来避暑，拈毫
先赋影娥池。"《箬帽
峰》:"从来强项惊凡
眼，不必低头效苦吟。识
得丈人心是石，肯将箬
笠换华簪。"《青芝峰》:
"可是东园用茝遗，肉
芝何似石芝奇。仙家服食
能知否，试问兰陵萧静
之。"《累黍峰》:"累处
直疑从黍谷，移来或恐
是愚公。还须更乞麻姑
手，撒与茅檐聊御穷。"
《一云峰》:"一云山下
卸春帆，岚翠湖光记满
衫。道是此峰才半角，
却疑径转到灵岩。"《印

凿。才移舟中，石盘忽沉湖底，觅之不得，遂未果行。后乌程董氏购去，载之中流，船亦覆没，董氏乃破赀募善泅者取之，须臾忽得，其盘石亦浮水而出，今遂为徐氏有。"①

刘恕得此园后，增删其景，易名为寒碧山庄。寒碧山庄之名与园主人对石的痴迷有关。他搜罗天下奇石，为十二峰。今有《寒碧庄十二峰》长卷传世，就是对当时园中诸石的图象介绍。《寒碧庄十二峰》，前有清王学浩"寒碧庄十二峰"题签②，款"嘉庆壬戌三月为蓉峰观察季丈作"。十二峰，峰峰脱略凡尘，峰峰为主人所推许的人格境界之写照。

《寒碧庄十二峰》长卷中，最末一段画一峰名干霄，一峰特起，刺破青天。王学浩题云:"一笏插青天，经历几岁年。只有斧劈处，常自生云烟。"而藏此卷之刘蓉峰题云:"耿耿青天插剑门，雕云镂月有陈根。孤庭独立三千丈，万笏吴山一气吞。"

这幅长卷诸石中有一段为《拂袖峰》，所谓世道污浊，拂袖而去，不沾烟萝。上有钤印"花农"者题跋云:"玲珑群翠中，独觉飘然起。问君何所携，唯有清风耳。"清风在前，白云在后;红尘不近，拂袖而离。

其实，中国人好瘦石，在宋人那里就已显示出。如苏汉臣的《货郎图》，院子里画一个巨大的石柱，直直向上。看徐渭画一人骑驴，表现的是"灞桥风雪中驴子上"的境界，一个寒塞的文士骑在一条瘦驴上，独临风雪，抒发的也是独立不羁的情怀。中国元明以来的山水画，总是寒山瘦水，清冷的格局，包含的是性灵自由的内涵。文徵明有诗云:"人清比修竹，竹瘦比君子。"而郑板桥论画竹说:

> 故板桥画竹，不特为竹写神，亦为竹写生，瘦劲孤高，是其神也;豪迈凌云，是其生也;依于石而不囿于石，是其

月峰》:"我欲乘风到广
寒,琼楼峤首路漫漫。何
当秋月如珪夜,来看瑶
峰上玉盘。"《猕猴峰》:
"禅心试向六窗看,似
戒飞腾学静观。莫厌此
君太顽钝,四三朝暮怕
相谩。"《鸡冠峰》:"纵
不能言未可烹,此生久
矣倦飞鸣。只应唤取
窠中叟,同听潇潇风雨
声。"《拂袖峰》:"介石
心原不染尘,餐霞几岁
学修真。浮丘把袂还招
手,同调应呼瀚荡人。"
《仙掌峰》:"胜迹当年
擘巨灵,谁分岳色到闲
庭。天瓢可酌凭君酌,
定有三霄玉液零。"《干
霄峰》:"夏天浓翠落衣
凉,未觉捎云竹影长。闻
说桐杉甘露满,共侍一
晶属元章。"说明至清时
仍有十二开。今存八开,
当为后人装裱,装裱时
已缺四峰。

明 徐渭 驴背吟诗图轴 纸本 54×30厘米

节也；落于色相而不滞于梗概，是其品也。

郑板桥所阐释的"瘦劲孤高"的竹之性，成为中国文人推重的崇高精神境界。

清金农对艺术中的"瘦"性体会至细。他有一幅瘦梅，题诗道："雪比精神略瘦些，二三冷朵尚矜夸。近来老丑无人赏，耻向春风开好花。"他赠一僧人寒梅，戏诗云："极瘦梅花，画里酸香香扑鼻。松下寄，寄到冷清清地。"他谈到画梅之法时说："画梅须有风格，宜瘦不宜肥耳。"清人高望曾《题金冬心画梅隔溪梅令》："一枝瘦骨写空山，影珊珊。犹记昨宵，花下共凭阑，满身香雾寒。泪痕偷向墨池弹，恨漫漫。一任东风，吹梦堕江干。春残花未残。"[1]厉鹗谈到金农时，也说到他的这种爱好，"折脚铛边残叶冷，缺唇瓶里瘦梅孤。"瓶是缺的，梅是瘦的，孤芳自赏，孤独自怜。

①丁绍仪《听秋声馆词话》卷十一，见《词话丛编》第三册。

清　金农　梅花图册之一　纽约大都会艺术博物馆

金农喜欢的意象都打上这一思想的烙印。如"饥鹤立苍苔"(他有诗云:"冒寒画得一枝梅,恰如邻僧送米来。寄与山中应笑我,我如饥鹤立苍苔")、"鹭立空汀"(他说:"扬补之乃华光和尚入室弟子也,其瘦处如鹭立空汀,不欲为之作近玩也","天空如洗,鹭立寒汀可比也")、"池上鹤窥冰"(他有诗云:"此时何所想,池上鹤窥冰"),等等。他的审美格调是:"一枝梅插缺唇瓶,冷香透骨风棱棱,此时宜对尖头僧。"

金农的论述是对中国这方面思想的总结。在这样的背景下来看中国人品石风习中的尚瘦之风,便有犁然当心之感。

石是有风骨的。瘦石一峰突起,孤迥特出,无所羁绊。一擎天柱插清虚,取其势也。如一清癯的老者,拈须而立,超然物表,不落凡尘。唐人有诗云:"寒姿数片奇突兀,曾作秋江秋水骨。"此之谓也。八大山人有一幅怪石图,画的就是这孤迥特立的精神。

米芾观石之法,以瘦为要,其中就包含这样的风骨。元人有云:"看灵璧石之法有三:曰瘦、曰皱、曰透。瘦者峰之锐且透也。"[①]李渔所说:"山石之美者,俱在透、漏、瘦三字……壁立当空,孤峙无倚,所谓瘦也。"无所依傍,一任性灵。

香港翦淞阁藏一英石名作逸云峰,上刻清代画家盛大士的铭文。这件作品,作一峰突起之势,嶙峋奇崛,整个石从下到上,布满了斑点,苍莽古拙,不类凡眼所见。林有麟《素园石谱》卷三曾载有一铭文:"人久众所憎,物久众所惜。为负磊落姿,不随寒暑易。"也可移以评这块翦淞阁石。

欣赏中国传统绘画,就可看出中国人爱瘦石的精神。中国画家有重寒山瘦石的传统,传统山水画中多见溪寒水清浅、山瘦石峻嶒的描写,瘦石寒泉、冷云生处,就是画家用心处。往往是瘦石一拳、幽篁半枝,便成佳致。

① 元孔齐《至正直记》卷三。

清　云舞峰　黑灵壁石　盛宣怀旧藏

南京瞻园招鹤峰

宋释道潜《参寥子集》有题东坡画诗，其中就有"枯株瘦石两相望，南北悠悠径路长"。宋人陈起有《画梅兰竹石》诗云："正忆吟窗占竹坡，风烟触眼奈愁何。梅兰只作从前瘦，石上苍苔别后多。"最后两句有一种人生咏叹的意味。

清初龚贤非常推重元人的寒山瘦石的表现，他说："北宋人千岩万壑，无一笔不减；元人枯枝瘦石，无一笔不繁。"瘦石中自有丰腴的生命。王石谷有《墙角重梅图册》，经庞莱臣《虚斋名画录》著录，其中一页画墙角寒梅，有诗云："孤云瘦石共为邻，难写寒岩物外春。今世谁能爱幽冷，雪中犹有种梅人。"这种冷瘦清寒的气象在中国画中是非常普遍的。

瘦石者多为孤立，这瘦而孤的境界，突出人的精神渴求。就像苏州拙政园的与谁同坐轩，取苏轼《点绛唇·闲倚胡床》词意，"闲倚胡床，庾公楼外峰千朵，与谁同坐？明月清风我"，其实无人与之同坐，清风、明月都是精神上的同坐者。像清康熙时徐昆《孤石记》中所说的："吾欲仿六一居士，以不孤为孤，携一壶酒、一卷书，坐孤石上，看孤云出岫，独酌而酣，便放孤鹤于青霄间，看其孤舞，以待东方孤月之上，独歌独啸。"

中国人好瘦石，还包含着一种"自怜"的情结，这一情感模式是在楚辞的影响下产生的，"惆怅乎自怜"，已然成为中国艺术的一种理想，因为中国艺术强调的人心的安顿，自怜，自爱，自我珍摄，是对自我生命的抚慰。袁宏道有诗云："瘦石如何比老颜，才留筋骨在人间。"石瘦，人更瘦，怜石，自怜人。金农一句"雪比精神略瘦些"，就有性灵堪伤的意味。瘦骨伶仃，独临寒风，其中有一份艰难，一份酸辛，其冷落凄寒处，惟有自心知。一如孔门所教"君子固穷"，君子于"穷"时而"固"守其志。中国艺术家甘于此，驻于此，瘦中有硬，瘦中有志。

四　石之朴：瓣香未雕

苍然顽石自天成，是未经雕刻的，具有朴拙的特点。明米万钟有石铭说：

> 匪雕匪琢，乃合昊朴。为氤为氲，与道合真。是分是循，抑亦观物理而图新者欤①。

这段著名的铭文强调顽石之未雕的天性，石是拙朴的，没有人工的痕迹。昊朴，就是天朴、天趣。

古人玩石，多注意其不琢不磨的特性。所谓"浑沦无凿，凝结昊天"、"是禀混元，非因琢磨"等等。元赵子昂颇谙文人清玩之道，他见到米芾研山石，如见骊珠，兴奋地作诗道："千岩万壑来几上，中有绝涧横天河。粤从混沌元气判，自然凝结非镌磨。"②他曾蓄有一石，作一枝独秀之状，浑然天成。时人作铭文赞云：

> 片石何状，天然自若。鳞鳞苍窝，背潜蛟鳄。一气浑沦，略无崖壑。太湖凝精，示我以朴。我思古人，真风眇邈。③

这里强调的"示我以朴"的观点也很有价值。石是大自然的创造，由天地元气发生，一气氤氲流荡而为形，绝无斧凿之痕，臻于自然全美。

中国绘画史上，八大山人以善画石而著称。在八大眼中，石的浑然一体、未被雕琢的特征，正好适于表现他的反知识、反理性的思想。早年他画一幅玲珑石，画面中怪石兀立，上题一诗：

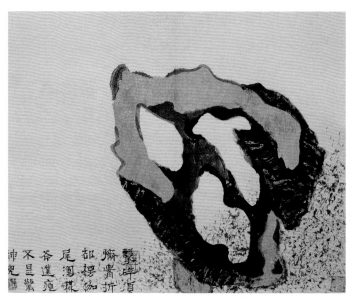

清 八大山人 传綮写生册之十二 玲珑石

> 击碎须弥腰,折却楞伽尾。
> 浑无斧凿痕,不是惊神鬼。

须弥山、楞伽山都是佛教传说中的神山,八大要"击碎"、"折却"它们,并非反对佛教,而是表现了禅宗无佛无祖的思想,一落于佛,即有先行的法度,为法度所限,就是理性的、分别的,而不是自由的。他画一个玲珑的太湖石,说的就是"浑无斧凿痕"的道理。合上知识的口,一团浑沦,不加分别,如石头自然未加雕琢,如如自现。

中国人爱石的浑朴未雕的特性,体现了华夏哲学的一贯思想。在道家哲学看来,道的世界,就是朴,朴是没被打破的圆融世界,在这里没有知识,没有分别,没有争斗,万物自生听,太空恒寂寥。《庄子·应帝王》中所说的"日凿一窍,七日而浑沌死"的故事,是《庄子》内七篇的最后一段,有对其哲学进行总结的意味。就是强调，感官开而知识行，知识行而浑沌死，浑沌死而道灭。中国人爱石就是爱这一片浑沌，爱这一片没有秩序的秩序，没有知识的浑全。

老子说："天地不仁，以万物为刍狗。"任由万物兴现，不是爱它，重视它，崇拜它，分析它，以万物为刍狗云云，将世界从人的知识、感情、伦理的原则中解放出来，将世界从人的对象化中解放出来。石的浑沦就是自在兴现的境界，不劳人力，不著理性，无所系恋，不挂烟萝。一团浑沦的自由，一团浑沦的真实。

宋徽宗曾得一玲珑秀润之石，极可爱，他题有"山高月小，水落石出"八字，此流传有绪，至今犹存。这八个字，是中国人至高的人格境界，也是品石文化中所集纳的值得重视的思想。

中国人从一条河流的变化，来看人生的智慧。春天来了，雨水多了，河水开始上涨，到了夏天，大雨连绵，河水猛涨，几乎要漫过了堤坝，而到了秋冬之际，河水又渐渐落下去，甚至河底的石头也露出来了。此时的河面是这样的安静，没有了咆哮，没有了冲突，没有了激浪排空的炫耀。山高月小，水落石出，是刊落表相、直现本真的美。中国人从一片顽石中，所看到的正是这一思想。

我很喜欢禅门口头语："大似一片顽石。"据禅籍记载，唐代有一位米和尚，问新来的僧人："你从哪里来？"答说从药山处来，问其："药山老子近日如何？"僧答云："大似一片顽石。"[1]

"大（太）似一片顽石"，是一个极富象征意义的说法。它所强调的是无分别、去雕琢的道理。劝君不用镌顽石，顽石一雕，就失去了它的本性，就是被塑造。临济宗师黄檗希运说："亦无分别，亦无依倚，亦无住著，终日任运腾腾，如

苏州沧浪亭奇石

扬州卷石洞天假山

痴人相似。世人尽不识你，你亦不用教人识。不识之心，如顽石头，都无缝罅，一切法透汝心不入。"（《宛陵录》）正是因为其无分别，没有一点缝隙，所以具有不可雕琢性。

结　语

综上言之，中国人爱石的怪、顽、瘦、拙，不是爱它的表面形式感，而是寄寓着一种精神追求，它表达了这样的思想：理性的约束会丧失真性，过分功利性的追求会伤害人的生命，依附性的生存是一种虚假的存在，过分的雕琢只会背离原初的真实。

儒家好玉，《诗经》中常以玉来比喻高尚的人品。如《齐风·汾沮洳》说："彼其之子，美如玉。"《秦风·小戎》说："言念君子，温其如玉。"《小雅·白驹》说："皎皎白驹，在彼空谷。生刍一束，其人如玉。"《大雅·棫朴》说："追琢其章，金玉其相。勉勉我王，纲纪四方。"

秦汉以来，以玉比人，成为非常流行的观念。《世说新语》记载，山涛说，嵇康其人，就像"岩岩若孤松之独立；其醉也，傀俄若玉山之将崩"。当时，有一位裴令公容仪俊美，脱去冠冕，粗服乱头，人们也说好，时人以"玉人"称之，有的人说："见裴叔则，如玉山上行，光映照人。"以玉比人，强调君子温润如玉，重视的是君子的德行，温润，细致，典雅，柔和，玲珑剔透，光明，洁净无尘。所突出的就是如切如磋、如琢如磨的修炼之功。

而道禅哲学好石。《老子》三十九章说：

故贵以贱为本，高以下为基。是以侯王自谓孤寡不穀。此非以贱为本邪？非乎？故致数舆与无舆，不欲琭琭如玉，珞珞如石。

老子不愿做一块琭琭的美玉，虽有令名，但经过刮垢磨光的无数次打磨，成了被塑造的对象，这样就是有为，背离自然之旨。他宁愿"珞珞如石"——做一块坚硬的未雕的石头。道禅哲学认为，"既雕且琢，复归于朴"，它重视的是原初的、本原的生命真实。

儒家好玉，道禅好石，两种不同的思想指向，正好反映对秩序的不同看法，也体现出不同的人格指向。没有理性的社会是混乱的社会，缺乏礼仪的人生是粗鄙的人生。但当知识、理性、礼仪发展到与人的真实生命追求相反的程度时，就成了人的生命的负面力量。正是在这个意义上说，这两种思想都有价值，相互补充，以成传统中国思想之大观。

第二章 石之"美"

一拳顽石,又丑又怪,如何谈到它的美?

中国人从丑石中,伸展了对美的问题的独特理解,产生出像"石文而丑"、"丑石反成妍"、"石令人隽"等很有价值的观点。这些观点放到中国美学的大背景中看,也很有价值。

一 石文而丑

品石理论中有一种"丑石反成妍"的思想,这是宋代艺术家黄庭坚提出的,在后代很有影响。应该如何理解呢?

石是丑的,人们非但没有因此抛弃它,反而成为喜爱它的一个理由。郑板桥在一幅《竹石图》的题跋中说:

> 米元章论石,曰瘦曰皱曰漏曰透,可谓尽石之妙矣。东坡又曰:"石文而丑。"一"丑"字则石之千态万状皆从此出。彼米元章但知好之为好,而不知丑劣中有至好也。东坡胸次,造化之炉冶乎!燮画此石,丑而雄,丑而秀。

郑板桥曾爱上朋友家的一块灵璧石,画了一幅《丑石风竹

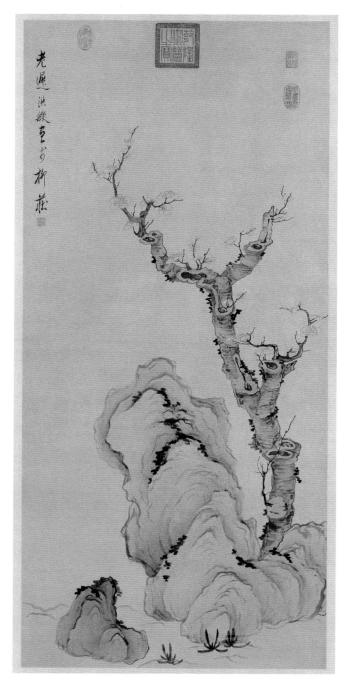

明　陈洪绶　梅石图轴　纸本 115.2×56厘米　北京故宫博物院

图》，主人大喜，并将这块丑石送给他①。这位被称为"扬州八怪"之一的画家认为，丑石有机微，在至丑中，反而有至雄至美藏焉。也就是说，越是丑，越见其美。

他说米芾只知道"好（美）之为好"，不知道不好中有"至好"。其实有些冤枉米芾。《宋史》本传中就记载："无为州治有巨石，状奇丑，芾见大喜曰：'此足以当吾拜！'具衣冠拜之，呼之为兄。"②

在中国画中，丑石，成为一种非常平常的描写对象。文人画兴起之后，此风更炽。权丫老树对丑石，成为文人画的重要面目。苏轼题王晋卿画有"丑石半蹲山下虎"一句。其实苏轼画中的枯槎丑石比这更胜。金赵秉文题苏轼《古柏怪石图》说："荒山老柏柄拥肿，相伴丑石反成妍。有人披图笑领似，不材如我终天年。"③正因其丑，反增其妍。这是宋代以来艺术界比较流行的观点。

宋代章质夫有《山堂》诗说："古木郁参天，苍苔下封路。幽花无时歇，丑石终朝踞。水竹散清润，烟云变晨暮。何必忆山林，直有山林趣。"④中国艺术家以丑石来创造独特的艺术境界，如中国画家就喜欢以丑石来突出荒率、奇崛和不落凡尘的气质。

奇形怪状的石头，外形上并不好看，不符合人们的一般审美原则。17世纪时，西方的传教士初见中国园林的假山，认为中国人有一种畸形的审美习惯，喜欢这些丑陋的破石头，觉得很费解。即使到今天，不少西方学者在谈到假山时，仍然投来质疑的目光。

至丑中为何有至美？深层原因还在于中国独特的哲学。

中国哲学中的美丑观念与西方相比很不同。在西方传统美学中，丑作为美的反面而存在，美的研究一般将丑排除在外。而在中国美学中，丑不是美的负面概念，而是与美相对

① 此见《东坡题跋》卷五。

② 见《宋史》卷四百四十四。

③ 赵秉文《闲闲老人滏水文集》卷九。

④《宋诗纪事》卷二十三。

存在从而决定美是否真实的概念。老子说：

> 天下皆知美之为美，斯恶已；皆知善之为善，斯不
> 善已……

　　天下人都知道美的东西是美的时候，这就有丑了；都知
道善的事情是善的时候，就有了不善。美和丑、善和恶都是
相对而言的。老子不是肯定美丑是相对的，而是强调，相反
相成，是知识构成的特性，人为世界分出高下美丑，是以人
的理性确定世界的意义，这并不符合世界的真性。以知识为
主导所得出的美丑概念，并非真实。当然，老子并非反对人
们追求美，而是强调超越美丑的分别，强调人真性的显露。

　　正是在这样的哲学影响之下，中国艺术中出现了"宁丑
毋美"（傅山语）、"丑到极处，便是美到极处"（郑燮语）的
观点，在文人画领域也出现了"宁朴毋华，宁拙毋巧；宁丑
怪，毋妖好；宁荒率，毋工整"（陈师曾语）的创作倾向。丑
石反成妍，并非是审美标准的重新矫正，而是以丑来否定人
们凡常的审美标准，从而超越美丑，追求真性的表达。

明　陈洪绶　高隐图（局部）30×142厘米　王己千藏

金人秦简夫有《拳秀峰》诗云：

> 平滑石之俗，其俗资磨砻。
>
> 磊丑石之秀，其秀在丑中。
>
> 正如古丈夫，貌寝气质雄。
>
> 又如圣人心，孔窍虚明通。
>
> 大都一拳许，含蓄华与嵩。
>
> 大巧本若拙，足见造化功。①

① 诗录自金元好问《中州集》中州庚集七。

　　秦简夫的美丑之石的观点，颇能代表一些士人的看法。不少赏石者认为，这种看起来丑的对象却具有天地之大美。中国人好石，是用这些不加雕琢的、不符合审美规范的石，来进一步陈说中国哲学里的思想：美的创造应是一种顺应自然的活动，衡量美的关键在于"天趣"——那种超越人美丑分别、展现世界微妙生机的趣味，由此和那些充满人工意味的、匠气的、徒有外在形式的所谓美区别开来。因为在中国人看来，后者是违背自然特性的、造作的，因而也是虚幻不真的。表面上看起来美，其实并不美。秦简夫将丑陋之石与"平滑之石"相对，其轩轾也正在于此。这样的观点同样存在于诗书画印等理论中。如印学中人们批评明代闽中印学家林皋的印风，就因其过于滑利，缺少古拙之韵。晚清书学批评以王文治为代表的台阁体，同样与这样的审美观念有关。

　　与此相关的另一个重要观点，就是上面提到的苏轼所说的"石文而丑"②，这是一个包含重要思想的论断。

② 语见《东坡志林》。苏轼说："梅寒而秀，竹瘦而寿，石文而丑，是为三益之友。"

　　"文"与"丑"是一对矛盾。在汉字中，"文"是"纹"的本字，它本指纹理，形容文章灿烂，而"丑"是它的反面；同样，汉语中，"文"的意思是美，就是契合某种美的规律，而"丑"则是不符合一些基本审美标准。再者，"文"在汉语中

清 金农 梅花图册之一 纽约大都会艺术博物馆

又与"礼"意思相通,"文"是细腻的、被人所塑造的,也就是说,它是被"雕琢"的。所以《易传》上说:"文明以止,人文也。"而"丑"是粗粝的、荒诞不经的、未经雕琢的。

在品石文化中,变美丑相对的话题为"文丑相对"的讨论,具有特别的思考。

明代袁宏道和清代石涛从两个不同的角度来讨论这一问题,其结论很有启发性。

在袁宏道的论石诗中,有关于"丑"和"纽"的思考。诗中写道:

钱塘江上云如狗,一片顽石露粗丑。
苦竹丛丛一岭烟,毛松落落千行韭。

道旁时榜赵州茶，室中不戒声闻酒。

更问如之与如何，便是颈上重加纽。①

丑和纽是同源字。一片顽石，是丑的，但是却是诗人的至爱，"更问如之与如何"——要问我为什么喜欢这样的怪东西，则是因为自己的脖子上有重重的"纽"。"纽"，枷锁也。人无所不在束缚之中，重重的束缚，使人的性灵失去自由。在"丑"中，没有了忸怩作态，没有了虚与委蛇，通过"丑"解脱了"纽"。

因此可以说，"丑"是对"文"的解脱。"文"似乎是一位披着文明外衣的老者，总是告诉人要这样做，不能那样做，不知不觉间为人套上枷锁。接受者也渐渐习惯了这枷锁，没有这枷锁，甚至觉得不习惯——一个做稳了奴隶的人。

对"丑"的欣赏，就是为你松脱这"纽"。这使我想到禅宗神秀的类似表达。唐代禅宗高僧神秀，作为北宗禅的代表人物，南宗禅的一些后学出于宗派之见，常常予以贬低。其实，在神秀的身上也有一种放旷高蹈的自尊境界。神秀临死前，给他的弟子留下的三个字，"屈、曲、直"。

神秀这三个字，可以说是对人存在状况的哲学思考，人如果不独立思考，不自己解救自己，就只有屈服的命。永远是一个奴隶，理性的奴隶，一切习惯的奴隶，来到这个世界，就是为了重复别人的路程——一个做稳了奴隶的人。这就是"屈"，屈服的"屈"。第二个是"曲"，一个独立的思想者一生都在与不明的力量角逐，"曲"是强大的张力，不是屈服在地下，而是具有无限上升的力量。如一棵幼苗，破土而出，以孱弱的身躯，迎接生命的朝阳。然后是"直"。人要在这个世界上注册自己的意义，虽然有曲折，但是他昂然的生命，最终能"直"起来发展。"直"永远是一种企盼，是充满圆融的和

① 《袁宏道集》卷九《解脱集》之二。

①王阳明《啾啾吟》诗,录自明周汝登编《王门宗旨》卷七。

谐境界,是鼓荡和提升自己的动力。

正像王阳明诗所说的:"丈夫落落掀天地,岂可束缚如穷囚。"①一拳丑石,给人精神予力量。

石涛在讨论水墨画时说,美丑的分别是没有意思的。他的《狂壑晴岚图轴》跋诗云:

> 非烟非墨杂还走,吾取吾法夫何穷。
> 骨清气爽去复来,何必拘拘论好丑。

一分别美丑,就落入了法中,石涛说:"无法而法,是为我法。"一如《金刚经》所说的"我说法,即非法,是为法"。拘拘于美丑之分别,是法执的表现。

他在《与吴山人论印章》的诗中写道:

> 书画图章本一体,精雄老丑贵传神。
> 秦汉相形新出古,今人作意古从新。
> 灵幻只教逼造化,急就草创留天真。
> 非云事迹代不精,收藏鉴赏谁其人。
> 只有黄金不变色,磊盘珠玉生埃尘。
> 吴君吴君,向来铁笔许何程,
> 安得闽石千百换与君,凿开混沌仍人嗔。②

②此书作今藏上海博物馆,是石涛著名的《书画合璧册》中的一帧。

③庞莱臣《虚斋名画录》卷十五载石涛《石涛山水花卉册》,此册本为石涛弟子洪正治收藏,凡十页,这是第二幅的题跋。

印章的美丑如何置论?几乎不符合任何形式美规则的篆刻,却成了中国艺术至为微妙的形式,不在于精雄老丑的分别,而在于凿开浑沌,传达人的心灵。

他有一则题画跋写道:"丑石蹲伏,水仙亭立。蛾眉出宫,无盐新婚,别具大家风韵。"③石涛似乎有意在混淆美丑的界限,无盐(先秦典籍中所言传说中的丑女)和娥眉(如西

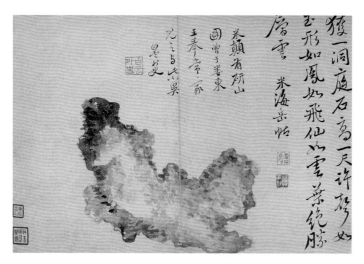

清 恽南田 研山石图

施)、丑石与水仙，就这样被糅到了一起。石涛说，他要在超越美丑的世界中，追求大家风范，而不必拘拘于美丑之辨矣。

石涛以他的"丑"，力戒文人画过于"文"的倾向。因为"文"恰恰是造成文人画发展颓势的重要原因。明代中期以来，在吴门优雅细腻艺术风格影响下，一味追求表面的工丽，带来了柔腻温软风气的流行，几乎葬送了文人艺术的前途。对此石涛是有充分认识的。

石涛有一则题画跋写道：

> 笔枯则秀，笔湿则俗。今云间笔墨，多有此病。总是过于文，何尝不湿，过此阅者知之。[①]

① 此山水册见《大风堂名迹》第二集《清湘老人专集》。

他对董其昌后学过于重视清润湿笔作画的风习提出了不同意见。松江过于"文"，这是事实，过于"文"，则易流于甜腻，甜腻即会俗。而石涛提倡干笔力扫，他常常用"扫"这个极富动感的词表现他的笔法，他是"扫"出林岫。松江以

"文"称，他则以"粗"显。石涛的枯笔虽从云林、大痴中来，但与倪黄又有不同，倪黄枯中有松秀，雅净而高逸，而石涛则是秃笔疾驶，有高古荒莽之致。

石涛说："画家不能高古，病在举笔只求花样，然此花样从摩诘打到今，宁经三写，乌焉成马，冤哉！"他的干笔直扫，就是去掉机心，去掉矫揉造作的"花样"，也就是去掉云间的"文气"。

石涛说："或云东坡成戈字，多用病笔。又云腕著笔卧，故左秀而右枯，是画家侧笔渴笔说也。西施捧心，颦病处，妍媚百出，但不愿邻家效之。"①石涛这段话提出"西施之美，正在其颦病处"的观点。形态本身的细腻柔美，并不一定能带来绘画之美，而粗处、恶处、丑处、枯槁之处，或有大美藏焉。石涛努力破一个"文"字。在他看来，以美追美，便不得美，超越美丑，方得大美。

这些论述对于我们讨论顽石的美丑问题很有启发。从

① 此段画跋录自《清湘老人题记》。原是为乔白田所作山水四景上题跋，画今不存。

苏州拙政园假山

外形上看，怪石、顽石等都是丑的，无论是英德石、灵璧石，还是产生于江南水乡的太湖石、昆山石等，都是如此。因为中国人所欣赏的石，大多没有绚烂的色彩，很多是漆黑如煤一样的黑团，奇形怪状，有的布满孔穴。总之，它们没有美丽的线条，没有葱翠的面容，没有合于规范的形体。正像白居易所说："石无文无声，无臭无味。"（《太湖石记》）而这些丑陋的家伙被置于一园或一室显赫的地方，主人奉之若神灵，敬之若亲眷。

在"文而丑"的讨论中，还有另外一种思考，也值得注意。苏轼"石文而丑"的观点中，"文"也不完全是一个负面的观念。"文"与"丑"相融相即，在"丑"中见"文"，由"丑"而达于"文"。或者说，"丑"是手段，而"文"则是目的。品石思想中将"文"与"丑"相对，并非要否弃"文"，而是超越"文"与"丑"的分别，追求天地之大"文"——至美。

如前所言，"文"在汉语中有"美"的意思。苏轼的意思是说，石头是丑的，又是美的，丑只是其外形，却富有天工自然之美。同时，苏轼所说的"文"，又是针对石的特点而言的。石是顽拙的、粗粝的、冷漠的，从这个意义上说，石是不"文"的，缺少细腻的、柔软的、缠绵的东西；石又是未经雕琢的，没有外在的任何装饰。从这个意义上说，石也是不"文"的。但是，中国人就是要于不"文"处见"文"，在粗粝中见细腻，在顽拙中见缠绵，在冷漠中出柔肠。大巧若拙，至文而无文。

苏轼"文而丑"的"文"不是人工的繁文缛节，而是天地之大文，即如庄子所说的"天地有大美而不言"的"文"。

正是因此，中国玩石传统非常重视石和水的配合。"文"是"纹"的本字，石的"文"主要在它的纹理。瘦漏透皱四字中的皱，我以为主要是针对纹理而言的。有山就有水，中国人历来注意山水相依，山无水不活，水无山不灵。无山，水则无骨；无水，山则无魂。而玩石如假山者，置于小桥流水之间，成山水相依之游戏。然而，石置于窗前案间，一团黝黑的石，其下无水，其侧无木，无木则风声不到，无水则柔骨何成？

正是在这个意义上说，皴就特别重要了。是什么样的巨手将其抚摩，使其纹理灿然？是造化，更确切地说，就是水。所谓"风下松而合曲，泉萦石而生文"，水就是石上纹理的作手。纹理，就是对水的隐括。使得无水而縠纹澹澹，奇妙的石纹，恍然间使人如见潺潺水流。真所谓烟翠三千色，波涛万古痕。

明杨慎《升庵诗话》卷一"涩浪"一条云：

> 蔡衡仲一日举温庭筠《华清宫》"涩浪浮琼砌，晴阳上彩斿"之句，问予曰："涩浪，何语也？"予曰："子不观《营造法式》乎？宫墙基自地上一丈余，叠石凹入如崖险状，谓之叠涩。石多作水文，谓之涩浪。"

更何况，中国人玩石，有水石与旱石之分，一般来说，水石比旱石更受人珍爱。出自于苏州洞庭西山的太湖石，其名品多来自水中。这些奇妙的石头经过千百万年的湖水冲激，

其上孔穴参差，玲珑剔透。它被人们取出，进入人的赏玩世界，天生就带着一副柔骨。石之纹理出，使得一拳顽石成了山骨和水性的凝结。有了水，就有了柔媚，有了缠绵，有了真正的风流。山与清溪徘徊，云在峰间暧嶫。石涛曾画有一石，并题诗云：

> 石文自清润，层绣古苔钱。
> 令人心目朗，招得米公颠。
> 余颠颠未已，岂让米公前。
> 每画图一幅，忘坐亦忘眠。

石上的斑斑陈迹、密密纹理，使他乐以忘忧。

玩石家常言，石中的纹理如天之画，透露出天的秘密。梅尧臣题虔州月石屏曰："虔州紫石如紫泥，中有莹白象明月。黑文天画不可穷，桂树婆娑生意发。其形方广盈尺间，造化施工常不没。虔州得之自山窟，持作名卿砚傍物。"[1]石之文被视为"天画"，天的声音，玩石如闻天籁之音。雨深苔屋，秋爽长林，胜过人间的丝竹之声。中国人利用石与水的共奏，创造一种自然的境界，以此与人工相区别。

宛尔一片石，是由天削成的玉片，看石，就是读造化写下的文字。

① 《咏欧阳永叔文石砚屏》，《宛陵先生集》卷三。

清　石涛　枯木竹石图卷　22×203厘米　王己千藏

二　石令人隽

其次讨论"石令人隽"的观点，这里涉及如何赏石的问题。

"石令人隽"，是中国赏石界的重要观点。《云林石谱》说："一拳之石，而能蕴千年之秀。"石表面上看起来是丑的，其实它是"隽"的。

陈继儒《岩栖幽事》云："香令人幽，酒令人远，石令人隽，琴令人寂……"[①]而《小窗幽记》集前人所论，有数条论及此说：

> 形同隽石，致胜冷云。
>
> 石令人隽。
>
> 窗前隽石冷然，可代高人把臂。

这个"隽"真用得好！"隽"就是美，但和一般所说的美又有不同，它包括冷峭、不落凡尘、跃然而出的意思。石是无言的，寂寞的，是一种千古的寂寞，它立于我的几案、园池间，生命的光芒照亮了它，它从永恒的寂寞中跃然而出，一时明亮起来。"石令人隽"，石使人的心灵明亮起来，也是"人使石隽"，人照亮了石。人与石解除了互为对象之关系，在无遮蔽的状态下澄明地呈现。正是无云生岭上，有月落波心。

中国人欣赏石的十二字诀（瘦漏透皱、清丑顽拙、苍雄秀深）中有"秀"一字，"秀"，是秀出的意思；"隽"，就是向人们敞开一个美的世界。

我和石本来别而为二，我们相"对"时——中国赏石家非常重视这"对"——所谓"千秋如对"，石将我们心灵中那寂寞的世界打开。正像王阳明所说："尔未看花时，此花与尔心同归于寂;尔来看花时,则此花颜色,一时明白起来。"
君未看花时,花与君同寂;君来看花日,花色一时明。与石相
"对",此时石不在人的心外,又不在人的心中,只在共成一
天的生命境界中。

传说一年夏天的傍晚,东坡与山谷到湖边纳凉,当时
正是荷花盛开季节,清风吹来,香气四溢,二人心情可谓好
极。东坡出联云:"浮云拨开,明月出来,天何言哉?天何言
哉?"山谷见湖中游鱼,对曰:"莲萍拨开,游鱼出来,得其
所哉!得其所哉!"

其实,"石令人隽"的"隽",就是拨云见日。正像当代美
学家宗白华先生所说的"明朗万物",人在与石相对中,明朗
了世界。观石有生命颖悟,正所谓"好将一点红炉雪,散作人
间照夜灯"。

中国人赏石,一盆清供,妙然相对,照亮了人的心灵,呈
现出一个光明的世界。所谓"一拳之石,能蕴千年之秀",千
年之秀在我与石的照面中敞开了,当下此在与千古的故事照
面。人将当下的鲜活糅进了往古的幽深中去。

石之所以"一时明亮起来",并非完全在于人的心灵的
照耀,所谓主观的投射。其实,一拳顽石是使这样的"一时
明亮"成为可能的关键。顽拙的、丑陋的、素朴的石,就具有
撕开遮蔽状态的可能。所以,这样的"一时明亮",是心与石
的互相照耀。

白居易《北窗竹石》诗云:"一片瑟瑟石,数竿青青竹。
向我如有情,依然看不足。"一块奇石,置于案间,总是看不
够,每一次看,都有一种发现。石与我,不光是相与眷恋的情,
更是打开我心灵世界的契机,照亮我寂寞世界的光源。它如
一把丈量我生命深度的尺子,又是指引人生方向的路标。

石在它怪诞的外表下掩藏着一段风流,用林有麟的话

杭州皱云峰

无锡寄畅园一角

说："至其神妙处，大有飞舞变幻之态，令人神游其间。"玩味奇石，如同欣赏一段美妙的舞蹈，不是看石在舞，而是自观人生命的舞蹈。顽石并无风流，顽石的风流，其实要彰显的是人生命的风流。

中国人是这样欣赏顽石的风流——或者说是人的内在情性的风流。

比如，中国人认为，石是具有内美的世界。玩石的传统敷陈了中国人重视内美的思想。石有形有神，形为神之托，神为主，形为辅。欣赏石，就是欣赏其神。石，真正可当得上老子所说的"被褐怀玉"之物——穿着粗衣服，心中却有玉一样的智慧。

石和玉一体相关。玉是由石琢磨而出，《文赋》所谓"石韫玉而山晖，水怀珠而川媚"。正因如此，中国人认为，石虽不是玉，则有怀玉之"心"；石是其表，玉是其里。石虽韫玉，但不以玉显，而是蕴玉身中。出以石相，这些粗糙的、冰冷的、未加雕琢的石，却有玉一样的温润、细腻、柔肠和优雅，有一种内美。石是不显之玉，不雕之玉，是不宝之宝。粗头乱服、不衫不履的怪石，原来有如此美的内蕴。李德裕《题奇石》诗说："韫玉抱清晖，闲亭日潇洒。块然天地间，自是孤生者。"[①]正是此意。

①《李文饶别集》卷三。

又比如，中国人在赏石中，特别重视石的空灵。中国人认为，石之美在于它的空灵。这倒不是在空灵中能体会出更深刻的美——不是一种简单的审美眼光，而是在空灵活络中，有心与石乃至心与大千世界的流动。"四更山吐月，残夜水明楼"，在空灵中，有了心灵与世界的吞吐，在一片光明中吞吐。

有的人说，赏石，就是赏窍穴的艺术，命意在空而不在实。没有空灵之美，便没有顽石艺术。中国人视天地大自然为一大生命，一流荡欢快之大全体，生命之间彼摄相因，相互激荡，油然而成盎然之生命空间。生生精神周流贯彻，浑然一体。这是顽石艺术的文化基因。

中国艺术强调，空则灵气往来。这既是一种审美原则，又是一种人生态度。就人生态度而言，不可执着，不可粘滞，空灵廓落，如寒潭鹤影，梦幻空花。石的似梦非真的特点最易使人起这样的思考。就审美原则来说，过于实则会僵硬，过于塞则有窒息感。

中国的赏石艺术将这两点结合起来，"一点空明是何处"？（苏轼咏石诗语）在石的空明处玩味生命的快慰，玩味艺术的美感。

米芾所说的"瘦漏透皱"四字中，漏、透都与空灵有关。林有麟说："石之妙，全在玲珑透漏。"① 漏与塞相对，透则与暗相对。就漏而言，中国人玩石极重孔穴。中国人爱太湖石，属于石灰岩的并不坚固的石头成为文人的至爱，似乎正与其多孔穴有关。

① 林有麟《素园石谱》卷一《凡例》。

扬州个园的驳岸

苏州环绣山房一角

　　正如计成所说："瘦漏生奇，玲珑生巧。"有了漏，奇气
便会盎然而出。透说的是石的玲珑剔透的感觉。光影穿过，
影影绰绰，微妙而珑玲。以手抚摩，凝润如膏脂。虽非玉而似
玉，虽不透明而有透明的感觉。

　　东坡所推崇的"一点空明"，可谓善言石者。不空而得
空，无明而有明。所谓"烟通杳霭气，月透玲珑光"，让人神

宋 仇池石

驰意迷。漏与透不可分别。漏是有穴之透，透是无穴之漏。
二者都体现了中国艺术对空灵的追求。

　　中国历史上流传的很多名石，多有空灵之韵。如北宋之
仇池石，此名为苏轼所命，他得到一块绝妙的石头，多孔穴，
尚未命名，忽有一梦，"觉而诵子美诗曰：万古仇池穴，潜通
小有天"，故以"仇池石"名之。东坡此名包含他对"一点空

明、潜通天地哲学"的服膺。

东坡在朋友家见一异石，石有九峰，玲珑婉转，空若窗棂，名之曰"壶中九华"，并作一诗，诗云：

> 清溪电转失云峰，梦里犹惊翠扫空。
>
> 五岭莫愁千嶂外，九华今在一壶中。
>
> 天池水落层层见，玉女窗虚处处通。
>
> 念我仇池太孤绝，百金归买碧玲珑。[1]

①《苏轼诗集》卷三十八第二〇四八页，中华书局1982年版。

所谓壶中九华，缘有孔穴，因有孔穴，可通天地宇宙之气。

林有麟《素园石谱》记载一块奇石，名为"透月岩"，此石通灵透彻，内外莹洁。石上有元人王恽诗："偶到君家思适然，一峰奇石堕吾前。千金欲买初无价，百穴潜通小有天。花露透香滋碧润，月蛾含影爱幽妍。从今紫翠芙蓉梦，不到齐州落照边。"[2]"百穴潜通"成为这块名石的重要特点。

②王恽《秋涧集》，《秋涧先生大全文集》第十九。

中国人赏石最重"氤氲"之妙，这也与石的空灵有关。气脉相通，氤氲流荡，为中国哲学所推重的思想，后来成为艺术家要表现的对象。《石涛画语录》还专有"氤氲"一章，专论绘画中气韵流荡的问题。中国人视天地自然为气化流荡的世界，石的"氤氲"品性正与这哲学有关。

明松江诗人莫是龙赞石诗云："谁向灵岩斗片云，移来林际隔氤氲。不须更问商山曲，紫气先从袖里分。"[3]王世贞也谈到这氤氲："压尽千峰耸碧空，佳名谁并玉玲珑？梵音阁下眠三日，要看缭天吐白虹。"[4]要看缭天吐白虹，正是这氤氲之妙。

③引见林有麟《素园石谱》卷二。

④王世贞《弇州山人四部续稿》卷二十四。

再有，中国人欣赏石，因为石是一个沉默者，虽时历万古，但默然无语。"圣默然"——庄子所说的此语，乃是中国

苏州冠云峰

哲学追求的崇高境界。老子说:"知者不言,言者不知。"禅宗以"不立文字"为道中重要坚持。不是讨厌人说话,也不是反对语言文字,更不是要做一个哑巴,而是对人类理性的警惕,对人所创造的知识的警惕,人用知识的眼看世界,世界乃是知识的对象,而不是世界本身。默然之境界,就是还归于生命的真相,与世界相融为一体,在没有知识的撕裂中,与世界相优游。

《寒碧庄十二峰图》中有一段画鸡冠峰。有一题跋云："岌岌雄冠戴首高，木鸡怎似石鸡豪。忘形牝牡骊黄外，不数当年相马尻。"其中引庄子呆若木鸡之典，说此石峰更胜于木鸡的冥顽、沉默，不与世事，巍然而立，这一形外之意，正是士夫最为重视的高蹈之志。题跋者以一个"豪"字形容这样的高蹈精神。

正所谓独立不语立江滨，万里无家石为邻。这个不语者，是性灵相通者，命运相关者。

三　赏石于风尘之外

最后讨论以境赏石的问题，这也是中国品石理论中带有根本性的问题。

我想从前人两段论述谈起。郑板桥题《竹石》辞说：

> 十笏茆斋，一方天井，修竹数竿，石笋数尺，其地无多，其费亦无多也。而风中雨中有声，日中月中有影，诗中酒中有情，闲中闷中有伴。非唯我爱竹石，即竹石亦爱我也。彼千金万金造园亭，或游宦四方，终其身不能归享。而吾辈欲游名山大川，又一时不得即往，何如一室小景，有情有味，历久弥新乎！对此画构此境何难，敛之则退藏于密，亦复放之可弥六合也。

石涛说：

> 山林有最胜之境，须最胜之人，境有相当。石我石也，非我则不古；泉我泉也，非我则不幽。[1]

①石涛《山林胜境图》自题。

这两段论述，都涉及一个问题，也是攸关中国赏石理论中的关键思想，就是"境"的问题。石是我心灵之石，我生命中的石。如果仅仅停留在观赏石，那只是一个外在的欣赏者，石虽然是我欣赏之对象，但与我别而为二。石是石，我是我。而中国人所提倡的玩石、品石传统，是我与石相"对"，共成了一个世界，石是一个与我生命相关的对象，此时的石已经不是外在的物，而是一片生命境界的呈现者。这就是石涛所说的"境有相当"。正是在此"境"中，才超越石是石、我是我的分离状态，而臻于"石我石也"的一体之宇宙。

板桥谈到心灵充满的问题，顽然一片石，从物的角度，它并没有什么特别，不管是灵璧石还是太湖石等名品，也不过是一片石，不能吃，无所用。但一片石也有曲处，一勺水也有深处，一朵小花就是一个圆满俱足的世界。板桥特别指出人们在欣赏外物时流连于物的迷思。

不必名园佳构，不必名石奇珍，关键是人的心灵，在心灵的吞吐中，我与微不足道的石头，也可以组成一个大宇宙。所谓"半在小楼里，灵光满大千"就是这个意思。板桥所说的"非唯我爱竹石，即竹石亦爱我也"，就是一种自在圆满的境界。竹石与我互爱，竹石无心无情，如何爱我？原在于人的移情中，人在移情中，与石共成一个有生命的世界。

中国人赏石，不在物，而在境。赏石，不是赏出奢侈、名贵，而是赏出一片自由愉悦的心境来。奢华的赏石品位，念念在求天下名贵之石，就像今天一些酷爱奢侈品的都市人，是被物的外在价值绑架了。了解中国美学的大背景，对此一问题就容易理解了。

中国艺术是重视境界的艺术，不理解"境"的创造，便无法理解中国艺术的美。王维《辛夷坞》诗写道："木末芙蓉花，山中发红萼。涧户寂无人，纷纷开且落。"在幽深的山林

苏州留园芭蕉小门

中，泉水淙淙流淌，溪涧边芙蓉花自在地开放，没有人知道
她什么时候开，什么时候落，这是一片寂静幽深的世界。

　　这样的小诗根本就不是"山水诗"、"写景诗"，它的主
旨不是描写外在的景物。在这里，没有外在的"物"，没有被
观的"景"，没有观照的主体，没有被观的对象，在诗人当下
的体验中，人与世界共成一"天"，共同形成一个生命宇宙。
这个世界，中国美学将其称为"境"。

每随片石化云去，磊落庭前助杂吟，中国人于顽石中发现了浓郁的诗情。传统赏石者以诗心去贯穿石，这个诗心，就是生命的境界。

清人梁九图《谈石》说："藏石先贵选石，其石无天然画意者我不中选，曰皱曰瘦曰透，昔人已有成言，乃有化工之妙，却不在此赏识，当在风尘外也。"[1]

①此据《美术丛书》二集第七辑。

赏石于"风尘外也"，这个"风尘外也"真是说得好。赏石者，玩的是一片石，但从不将石只看作石，石不是一个"物"，更不是一个僵硬的死物，不是一个与人无关的外在对象。中国人常说"石缘"，石与人是有缘分的，这个缘分就是它与人构成了一个活的世界。所谓"小有天"——石与人共成一天。

最是顽石伤情处，一拳顽石，也有令人不能已已的地方。太湖石畔新凉院，何处吹箫月满空，它牵动着人们的柔肠。范成大有诗云："恍然坐我宝岩上，疑有太古雪未消。"石逗弄起人怎样的诗情！

中国人有以"境"赏石的传统。石是我心中之石。石是未雕的，是一件未完成的作品，以开放的状态，等待人的灵心去为它雕刻，等待人诗意的心灵去将其变活。正是色润浥书几，隐约烟朦胧。默然相对时，便引诗情至。

东坡曾有一块雪浪石，见载于《云林石谱》，东坡有诗云："异哉驳石雪浪翻，石中乃有此理存。"眼前一块略带纹理的石，东坡却看到了雪浪翻滚、波光激滟。

清人诸九鼎著《石谱》[2]，书中多利用石的纹理、象征等来追求诗意。书中谈到一枚"寒溪松影石"，他解释说："灰白色，而质极明润，如深秋溪涧中涵松影……水波漾洄，更增寒色。"有一枚"秋雪芙蓉石"，他写有赞语："木末芙蓉，丛花莹洁，其白维何，有如珂雪。"有一枚"镜中花石"，他赞

②见《美术丛书》初集第六辑。

江苏木渎严家花园石笋

曰："青鸟窗前，湘帘半起。好风徐来，花生镜里，美人含睇，
欲折一枝。"还有一枚"丹枫独秀"石，他解释说："枫叶经
霜，颜丹如醉，一枝翘翘，独秀自异。"

　　他将石玩得玲珑活络，玩得诗意盎然，小小的石头在他
眼前，似燕舞飞花；现实的图景在他心中，如镜花水月。这种
似梦非真、如怨如诉的石，给了他极大的性灵安慰。

　　中国人以"境"赏石，在山林丛筱之间，在亭台之畔，伴

元 倪瓒 梧竹秀石图轴 纸本 96×36.5厘米

①《至正集》卷
二十九。

明月，沐晨露，呼之以微花，应之以轻风，有种种难以言表
的美。赵子昂晚年得东坡之法，喜作枯木怪石，元人许有壬
有评云："坡仙喜墨是信手，松雪晚年深得之。两竿瘦竹一片
石，中有古今无尽诗。"①此正是境中之石。

中国人用一拳顽石，来陈说他们心中的美感世界。陆文
裕《醒酒石铭》说：

②《素园石谱》
卷二。

　　　　昔以醒酒，今以醒心。难如蜀道，胜比山阴。②

在中国人看来，玩味一块奇特的石，就如同行于山阴道上，
其美景应接不暇，石头给人的心灵带来愉悦，而不是外在感
官的满足。

结　语

石文而丑、石令人隽以及石我心中之石，这三个问题蕴
涵着中国人通过石来思考美丑的深邃内涵，它所突出的思想
是：以天趣为美，以境界创造为品石的重要方式，以人与世
界相互敞开而共成一天为理想的境界。

它反映出，中国人赏石，不是去寻找石的外在之美，而
是发现人的内在生命的"风流"。顽石的风流，是由人的生命
所映照出来的。

第三章　石如何"可人"

中国人认为，"石不能言最可人"[①]，它默默无语，是一个沉默者，但却对人充满了温情，也惹得人怜爱。人与石相对，是一对朋友在对话，如清人黄云所说："寒山一片石，可共语也"[②]，人与石脉脉含情地交流。

一拳顽石，看起来冷，其实是热的；看起来硬，却又有温柔；看起来无情，没有生命感，但爱石者却将它看作有情有性，与石款曲往来。

前人有云："瓶中插花，盆中养石，虽是寻常供具，实关幽人性情。"[③]石头使人激动，使人忧伤，勾起人生命的叹息，也促进人对人生的思考，玩石，其实在玩味人生。一块僵硬的石头，默默告诉人生命的道理。

中国人称石为"石丈"，意即石夫子、石先生，俨然一人也。白居易曾向一友人借太湖石，有诗云："借君片石意何如，置向庭中慰索居。"[④]石头是一个慰藉心灵者。

正如计成《园冶》所说："片山多致，寸石生情。"石本无情，因人而生情。石本无感，因人而有所感。

石如何"可人"，正在这"情"中。故本章在前文论石之序、之美后，再论石之"情"。

① 陆游《闲居自述》诗云："花若解笑还多事，石不能言最可人。"（《剑南诗稿》卷三十五，《文渊阁四库全书》本）

② 黄云为康熙时人，字仙裳，为石涛友人。此语是他为诸九鼎《石谱》（《美术丛书》初集第六辑）所作之跋。

③ 见《小窗幽记》。

④ 友人杨尚书赠白居易一块太湖石，他对之而神迷，作诗云："借君片石意何如，置向庭中慰索居。每就玉山倾一酌，兴来如对醉尚书。"（《白居易诗集校注》卷三十六）

一 石 缘

多情之石偏遇多情之人，中国人谓之"石缘"。

《聊斋志异》有《石清虚》篇，写一个叫邢云飞的人，打渔时，"有物挂网，沉而取之，则石。径尺，四面玲珑，峰峦叠秀。喜极，如获异珍。既归，雕紫檀为座，供诸案头。每值天欲雨，则孔孔生云，遥望如塞新絮"。美妙至极。后来这石被一个富豪抢夺而去，得意之时，却掉到河里，富豪调动很多人水中搜查，也没有搜到。一天，邢云飞伤心地来到河上，在宝物丢失的地方徘徊，忽然河水变清，那块石头莹然呈于眼前。邢云飞将之捧回，秘而不示于人。因为这石，他经历了种种磨难，但爱心不改。一天，一神人临之，告之曰："既欲留之，当减三年寿数，乃可与君相终始，君愿之乎？"曰："愿！"邢云飞竟然以身相殉。石与主人相伴始终，生死相随。

蒲松龄说："谁谓石无情哉？古语云：士为知己者死。非过也！石犹如此，何况于人！"

中国人玩石，将石当做朋友。一见大叫争摩挲，直呼为兄为友为君子者多矣。清戴熙说："清泉沄沄白石丑，中有修篁是吾友。"[①]白居易得到两块奇石，朝夕相对，爱之非常。作诗云：

①《习苦斋画絮》卷三。

> 苍然两片石，厥状怪且丑。
>
> 俗用无所堪，时人嫌不取。
>
> 结从胚浑始，得自洞庭口。
>
> 万古遗水滨，一朝入吾手。
>
> 担舁来郡内，洗刷去泥垢。
>
> 孔黑烟痕深，罅青苔色厚。

明 唐寅 红叶题诗仕女图轴 绢本 47×104厘米

老蛟蟠作足，古剑插为首。

忽疑天上落，不似人间有。

一可支吾琴，一可贮吾酒。

峭绝高数尺，坳泓容一斗。

五弦倚其左，一杯置其右。

洼樽酌未空，玉山颓已久。

人皆有所好，物各求其偶。

渐恐少年场，不容垂白叟。

回头问双石，能伴老夫否。

石虽不能言，许我为三友。　　（《双石》）

　　他得到两片石，俨然与己成生命三友。人皆有所好，而他独爱此石，石虽无言，却相伴此生。物欲的"少年场"，将垂暮的他排斥，而他与石相倚相伴，共对世界的寂寞。无语的石，似也与人相与绸缪。这首长诗就写出了作为"伴"者的石的欣喜。一块顽然之石，在他面前，几乎在书写这位诗人的心灵哲学。老子所说的"不欲琭琭如玉，珞珞如石"的哲学，在此莹然呈现。石的奇，石的怪，石的孤独，石的无言而离俗，石浑然与万物同体的位置，石从万古中飘然而来的腾踔，都是诗人生命旨趣之写照。石，如张起一把无弦之琴，在演奏心灵的衷曲。石，就是自己；非爱石，乃是爱己。非为观赏石，乃在安慰自身。

　　李德裕好石，其平泉中广积奇石，临终告诉后代："以平泉一树一石与人者，非佳士也。"[①]石为什么对他是如此重要？因为石与他的生命联系到一起，在他最艰难的岁月里，得径寸之地，创榛辟莽，"剪荆棘，驱狐狸，始立班生之宅，渐成应叟之地。又得江南珍木奇石列于庭际。平生素怀，于此足矣"。石中有他的"素怀"，他的体温。他虽不在，石在，

①《平泉山居诫子孙记》，《全唐文》卷七百零八。

灵魂还在。若将石散而送人，就是将他的灵魂丢弃。

历史上爱石者所说的"平泉之志"，强调的就是石与人"幽情"相关的特性。平泉之石能醒酒，更能醒人。明末陈老莲《隐居十六观》册页，有一开名为《醒石》，画一人斜倚怪石，神情迷蒙。所咏即平泉之志也。李德裕平泉别业中有一石名"醒酒石"，醉则卧之。老莲画此醒酒石，明显带有"人生之醒"的意味。他有诗说："几朝醉梦不曾醒，禁酒常寻山水盟。茶熟松风花雨下，石头高枕是何情？"①读其图，

①《宝纶堂集》卷九《灯下醉书》。下引此书同。《宝纶堂集》，据清光绪十四年 (1888) 董氏取斯堂重刊本，并参浙江古籍出版社1994年版吴敢《陈洪绶集》校注本。

苏州拙政园芭蕉

吟此诗,似乎看到老莲对人说,人啊人啊,你真糊涂! 你为何有那么多的留恋,有那么多的执着?

米芾对石称兄,不是简单的好物之癖,他总结出赏石四法,可以看出,他爱石,其实与其生命密切相关。他有诗云:"研山不复见,哦诗徒叹息。惟有玉蟾蜍,向余频泪滴。"[1]真是一往情深。研山石,本是南唐李后主宝晋斋之遗物,为灵璧石,米芾得之,传抱眠三日,而不舍离身。曾作《研山铭》(墨迹今藏北京故宫博物院)云:"五色水,浮昆仑。潭在顶,出黑云。挂龙怪,烁电痕。下震霆,泽厚坤。极变化,阖道门。"其中道出他对石的衷情。研山宝物之所以为之所爱,在他看来,几乎为一"宇宙之物"——由此石观宇宙人生的奥秘。"乾坤,易之门户",他以此石为观世界之门户。

其实,中国人通过石头来思索人生的困境,蕉石影中闪烁着人的清泪。

徐渭《歙石砚铭并序》谈到一块石头的因缘:

> 出歙西门,步长桥,望黄山群峰,插天如剑戟,入日就小肆,用钱二百五十货得此石。云纹而宝沙,照日中,瑟瑟若东夷所銮屏扇,然以墨易胶稍干,为磁吸铁,龙尾之佳者也。时王仲用赏之曰:"转博可得钱千五百。"久之歙客从狱中持归,为余研,两期而复璞以来余,将寄研于吴而,先铭之如左:
>
> 市于歙,归于越,复返于歙,终来归于越,石耶能忘情耶?
>
> 铭于若卢,研于吴,安保其终于吾人耶,能有情耶?[2]

这一块歙龙尾砚,上多文星,为歙砚中佳品。得此石时,他的人生旅途还较顺利,后入于狱中,身心俱损。然而曾经相伴

①据王士禛《带经堂诗话》卷二十二所引。

②《徐文长文集》卷二十三。

的石头又失而复得。此序和砚铭谈的是一个"情"字，逆境中石归于手，是石对人有情？然而，在人世恍惚中，徐渭感喟道：今之石归于我手，不知来日又落于何方，到那时石于我还有情无情？艺术家通过一片石，叹惋人生、思考生命的价值。石与人结为生命之缘。

这里想重点分析苏轼前后《怪石供》中所透露出的重要思想。

《前怪石供》云：

> 《禹贡》："青州有铅松怪石。"解者曰：怪石，石似玉者。今齐安江上往往得美石，与玉无辨，多红黄白色，其文如人指上螺，精明可爱，虽巧者以意绘画有不能及，岂古所谓怪石者耶！凡物之丑好，生于相形，吾未知其果安在也。使世间石皆若此，则今之凡石复为怪矣。海外有形语之国，口不能言，而相喻以形，其以形语也；捷于口，使吾为之，不已难乎？故夫天机之动，忽焉而成，而人真以为巧也。虽然，自禹以来怪之矣。齐安小儿浴于江，时有得之者。戏以饼饵易之。既久，得二百九十有八枚。大者兼寸，小者如枣、栗、菱、芡，其一如虎豹，首有口、鼻、眼处，以为群石之长。又得古铜盆一枚，以盛石，挹水注之粲然。而庐山归宗佛印禅师适有使至，遂以为供。禅师尝以道眼观一切，世间混沦空洞，了无一物，虽夜光尺璧与瓦砾等，而况此石！虽然，愿受此供，灌以墨池水，强为一笑。使自今以往，山僧野人欲供禅师，而力不能办衣服饮食卧具者，皆得以净水注石为供。[1]

① 《苏轼文集》卷六十四。

《后怪石供》云：

> 苏子既以怪石供佛印，佛印以其言刻诸石。苏子闻而

笑曰："是安所从来哉？予以饼易诸小儿者也。以可食易无用，予既足笑矣，彼又从而刻之。今以饼供佛印，佛印必不刻也。石与饼何异？"参寥子曰："然。供者，幻也，受者，亦幻也。刻其言者，亦幻也。夫幻何适而不可？"举手而示苏子曰："拱此而揖人，人莫不喜。戟此而晋人，人莫不怒。同是手也，而喜怒异，世未有非之者也。子诚知拱、戟之皆幻，则喜怒虽存而根亡，刻与不刻，无不可者。"苏子大笑曰："子欲之耶！乃亦以供之。凡二百五十并二石盘云。"

这两篇奇文，是中国古代品石文化的珍贵文献。两文论述的核心是对物的态度问题。其中有两个重要的观点。

一是如何看怪石"怪"和"好"的问题。像青州的铅松怪石、奇安江的美石，形都在怪，人所罕见。但说此等奇石为怪，而世间凡常的石头是正常的，这样说，到底谁怪谁不怪，还真很难说。苏轼要强调的是，常与怪，只是人知识的见解。再者，这些奇石质近于玉，世间再高明的画家也画不出其美妙的纹理。但就因此可以说这石头是美的吗？苏轼认为，说其美丑，即落言筌，就是以知识的标准去确定。以知识的标准去确定，就失却了自然之特性。苏轼认为："尝以道眼观，一切世间，混沦空洞，了无一物，虽夜光尺璧与瓦砾等。"苏轼的观点是，怪石虽怪而不怪，言其美又非美。其中所言思想与庄子"不辨是否美丑"的思想正相合。

二是谈"缘"的问题。两篇文字都在说石缘，苏轼得到一些怪石，这些怪石本在水底，小儿游泳时捞出，朋友以饼换来的，此即一缘。苏轼得之，并以此奇石赠佛印禅师，此又一缘。佛印禅师将石供之于案，并将苏文刻于壁，此又一缘。缘在重石、重文、又重人。缘，是一种关系性的存在，是茫

明 杜堇 玩古图（局部） 126.1×187厘米 台北"故宫博物院"

茫世界中偶然间结成的关系，似乎最值得重视。苏轼要说的
是：欲说石之贵，了然一空物；若说文之贵，滔滔一空语；欲
说情之固，幻然逝无踪。苏轼借佛印的口说："然供者幻也，
受者亦幻也，刻其言者亦幻也。夫幻，何适而不可？"小儿贪
口，以饼重于石；文人爱物，以石供于案；友人重文，以文刻

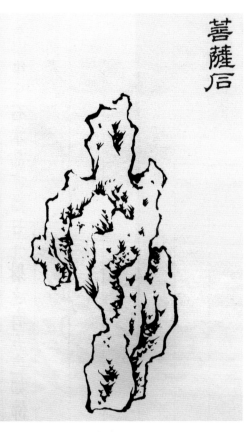

菩萨石

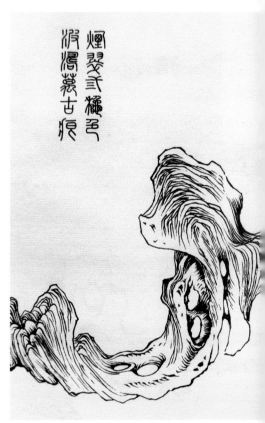

烟翠三秋色

于壁，等同一事，尽皆为幻，似有缘而未缘。惟有从容大化，潇洒东西，不以物喜，不以己悲，便得怪石之妙韵，此乃人与天地间之真缘。

苏轼所反复强调"以饼易诸小儿"，就是强调怪石也只是一种方便法门，是一种"权"，非为实，非为真。但可即幻即真，由此方便法门，而进入真实世界。这与佛经上所说的"为止小儿啼"是一个意思。（见本书后面对假山的论述）

这两篇文字所透露出的思想，反映出中国赏石文化中存在着"玩物而不为物所玩"的重要思想。正如东坡所说："留连一物，吾过矣。"

雪浪斋石是流传名石，曾为五代画家孙位、孙知微所有，二人并有画及之。东坡曾题此石云："……画师争摹雪浪势，天工不见雷斧痕。离堆四面绕江水，坐无蜀士谁与论。老翁儿戏作飞雨，把酒坐看珠跳盆。此身自幻孰非梦，故国山水聊心存。"[①]石为宝，然宝不在其物性，而是与人心的相与优游，人生如幻，"留连"于物近于痴想，又何况一拳之石？

苏轼曾提出"寓意于物"而不"留意于物"的观点。此"留意"，即是"留连"。在中国文人艺术家看来，"留连"于物，不如"流连"于物，与物相优游，在心而不在物，在当下之体验，而不在千古之拥有，便有无穷之趣也。这样的赏物观，可谓达观。

正是在这个意义上说，明末智者祁彪佳在《寓山注·读易居》中的一段话就值得重视了：

> 予虽家世受《易》，不能解《易》理，然于盈虚消息之道，则若有微窥者。自有天地，便有兹山，今日以前，原是培堘寸土，安能保今日之后，列阁层轩长峙岩壑哉！成毁

① 《苏轼诗集》卷三十七，中华书局1982年版。

之数，天地不免，却怪李文饶朱崖被遣，尚谆谆于守护平泉，独不思金谷、华林都安在耶？主人于是微有窥焉者，故所乐在此不在彼。

自有天地，便有此山，然往时登此山之贤人哲士如今安在哉！李德裕酷爱他的平泉，临终留下遗言，将平泉之一木一石予人，便不是其子孙，然而平泉照样丧失于浩浩的历史长河中。所以，在彪佳看来，造园者不是占有一方天地，物质的握取，永远是空幻不实的，而是寄寓此心，怡情于园。他所发现的盈虚消息之理，就是"所乐在此不在彼"。这与东坡论怪石的思想完全一致。

二　石令人古

中国人爱石，以奇石来抚慰生命。所谓天怜爱山欲成癖，特设奇供慰寂寥。

"石令人古。"[①]文震亨的这句话是传统赏石理论的重要论断。古，不是对古代的重视，在这里的意思是绵长的时间。石令人古，意思是品石而得苍古之趣，品石而臻永恒之区。人之生命，乃须臾之身。倚于石，百年人可驰骋千年之趣，何不为也！

一石清供，"千秋如对"。人于石前，独对千秋，对万年，对永恒，独思生命之价值，抚慰此生之短暂。千年万年之石就出现在自己的目前，这"千秋仅笔"，在我生命中灿烂的跃现。品石而非得居沮丧之叹，而放旷高举，俯仰之趣由此得焉。

中国人玩石，是将生命放到永恒中审视它的价值和意义。白居易《太湖石记》说："然而自一成不变已来，不知几千万年，或委海隅，或沦湖底，高者仅数仞，重者殆千

①《长物志》卷三："石令人古，水令人远。园林水石最不可无，要须回环峭拔，安插得宜，一峰则太华千寻，一勺则江湖万里。又须修竹老木怪藤丑树交覆，角立苍崖，碧涧奔泉，泛流如入深岩绝壑之中，乃为名区胜地。"此段论述极有胜义。园林追求苍古之境，石在其中扮演着重要角色。

明　仇英　人物故事图册之竹院品古

钧。""噫！是石也，百千载后，散在天壤之内，转徙隐见，谁复知之？"无声无息无文的石，以不变为变，以不美为美，以不常为常，以其不为物所物，所以能恒然定在。

你见它，它在你眼前，你不见它，它完然自在。你在世时，它在这里，你离开这个世界，它还穆然自在。这一片石，说你的在与不在，说你的长与不长，说你残缺中的圆满，说你得意中的缺憾。

中国人说"海枯石烂"，意思是不可能出现的事，石代表一种不灭的事实。平泉主人李德裕诗云："此石依五松，苍苍几千载。"[①]石从宇宙洪荒中传来，裹孕着莽莽的过去。一拳顽石，经千百万年的风霜磨砺，纹痕历历；经千百万年的河水冲激，玲珑嵌空。

天地变化，造化抚弄，造出千奇百状的石。所谓"秀孕片石迷宇宙"。中国人玩石，惊造化之鬼斧神工，更重要的是打通一条无垠的时间通道，那隐约的孔穴，如同是观宇宙永恒的眼睛，真是：浪淘犹见天纹在，一石揽尽太古风。

中国人形容朋友交谊深厚叫"石交"，石，包含永恒不变的意思。郑板桥画石赠友人，有题云："今日画石三幅，一幅寄胶州高凤翰西园氏，一幅寄燕京图清格牧山氏，一幅寄江南李鱓复堂氏。三人者，予石友也。昔人谓石可转，而心不可转。试问画中之石，尚不转乎。千里寄画，吾之心与石俱往矣。"

正因此，中国园林的垒石之道，古为最要之则。石不古则园不秀，池容淡然古，树意苍然僻，乃园林胜境。明顾大典《谐赏园记》说："大抵吾园台榭池馆，无伟丽之观、雕彩之饰、珍奇之玩，而惟木石为最古。木之大者数围，小者合抱，茏葱蒨峭，邃若林麓。石之高者袤藤萝，卑者蚀苔藓，苍然而泽，不露叠痕，皆百余年物。伟丽雕彩珍奇皆人力所可致，而惟木石不易

①《泰山石》，《李文饶别集》卷十。

致, 故或者以吾园甲于吾邑, 所谓无物处称尊也。"①顾大典怡然自得, 以自己的小园为骄傲。无一物中无尽藏, 有花有月有楼台。虽无天下奇珍, 却以木石苍古而得胜。"古"之一字, 褪去了作为物质存在、为人享用的物性, 而成为人的心灵境界之物, 与人共成一个宇宙。虽浅疏小物而有纵深, 多平常景致而臻高致。园主人在人之不可致处致之, 故最为难得。

① 此 记 引 自 同治《苏州府志》卷四十八。

无物处称尊, 这是"石令人古"的思想根基。

中国人有三生石的说法, 三生石, 传说人死后, 走过黄泉路, 到了奈何桥, 就会看到三生石。奈何桥边, 能看到红尘中人喝孟婆汤, 轮回投胎。有一首民谣这样唱道:

> 三生石上旧精魂, 赏月吟风不要论。
> 惭愧情人远相访, 此身虽异性长存。

苏州沧浪亭粉墙绿植

明　陈洪绶　何天章行乐图（局部）　绢本设色
25×163厘米　苏州博物馆

三生石，是佛教三身意识下的产物，所谓过去身、现在身、未来身的转换，说生命的绵延与递转，说生命的因缘和合。正所谓：每逢林下三生石，只说寻常万事空。

　　由于受道家和佛教哲学的影响，中国人有浓厚的"无常"观念。世界中的一切都处于生灭迁流之中，没有一物不被无常吞去，人的生命也处于这样的迁灭顿进中。很明显，三生石之思，突出生命的无常。

　　诗人艺术家在三生石中体会永恒不灭的精神。诗人所谓"共友三生石，俱函太古春"、"尚记三生石，难磨万古心"、"吟风不忆三生石，醉月长留太古尊"。三生石也常入画家笔下。清邵梅臣画三生石，有跋说："皴漏透露，贞而弥固。缘非三生，谁能一遇。"正所谓"三生石上苔痕碧，落日溪回树影深"，人们于此体验生命永恒的精神。

中国人说人与石千秋如对，既说人面对石，又是石与人的相较。相对于永恒坚固的石，人的生命是如此的脆弱，如此的短暂。石者，永恒之物也，人者，须臾之旅也。人面对眼前的奇石，如一瞬之于永恒，一片随意飘落的叶之于莽莽山林。

中国人赏此三生石，在道禅哲学的影响下，还产生了一种"三生石上话无生"的观念。无生乃是超越无常之道的根本。不是犹记旧时迹，不是追寻梦中魂，而是放下有限人生绵延流转的痴想，而从容跌荡于大化之中。古人有一副对联写道：

> 自抛南岳三生石，长傍西山数片云。[1]

中国人于石中铸就了沉着痛快的情怀。

郑板桥有题竹石跋写道：

> 顽然一块石，卧此苔阶碧。雨露亦不知，霜雪亦不识。园林几盛衰，花树几更易。但问石先生，先生俱记得。石先生不记得也。[2]

正是这"不记得"，才真正印合中国诗人艺术家的所思。因为，永恒不是千年万年绵长的时间，再长的时间也是有限的，永恒感是一种无时间意识，是对今与古的超越，对短暂与绵长的超越，也就是在时间的背后，谛听生命的微音。

"坐石上，说因果"，是中国人另一个有关石的有趣说法，它也与佛教无常观念有关。人们面对石，可以"观万物之无常，觉时之倏来而忽逝者也"（北宋李格非语）。人与石，判

①唐代齐己之诗，出自《荆渚感怀寄僧达禅弟三首》之一，《全唐诗》卷八百四十四。

②此书中引郑板桥诗，均见《郑板桥集》，该书不分卷。

隔在瞬间与永恒之间，人们将其糅合在一起，并非证明人生命的渺小和柔弱，而是在石的永恒中矫正生命的价值，实现生命的超越。那些留恋，那些执着，种种不能放下的情，无数不能泯灭的恨，在这永恒的石面前，都如清风届耳，都随风渐渐淡去。

坐石上，说因果，说因缘和合，是要解除一切关系性的纠缠。在因果链条中，淡去因果，在三生轮回中，淡去三生。此即为石之性，那无限的沉默的永恒的时间老人之性。

就像苏轼诗所说：

> 君看岸边苍石上，古来篙眼如蜂窠。
>
> 但应此心无所住，造物虽驶如余何？[①]

①苏轼《百步洪》二首之第一首，《苏轼诗集》卷十七，中华书局1982年版。

当下的人与石千古相对，在迁灭中见不迁之理，在无常中见恒常之道，不可把握的生命，在石的永恒力量中得到启发。挣脱因果的罗网，畅饮生命的惠泉。百仞一拳，千里一瞬，天地一片石，万古一刹那，人不出户庭，心可横绝广大邈远，挣脱现世的执着和羁绊。

正因此，"石令人古"显然不是有些论者所说的"对史前文化的恋旧心理"[②]，"古"不是古代，不是对遥远时代的向往，而是在石中起永恒之思，起超越之想，在千年万年的怪石中丈量人的生命的尺度。李格非《洛阳园林记》中所提出的"六兼说"，就有"人力胜者，少苍古"。苍古所指就是天趣，它是与人力相对的。有天趣，就有永恒之思。

②这样的观点比较流行，如曹林娣教授即持此说。见其《中国古典园林史》。

三　蕉石影

沈阳故宫博物院藏清代画家金农的《画吾自画图册》，

十二开，其中一开画怪石丛中芭蕉三株，亭亭盖盖，上面题
有一诗：

> 绿得僧窗梦不成，芭蕉偏傍短墙生。
> 秋来叶上无情雨，白了人头是此声。

假山芭蕉相配，几乎是中国园林创造的必备之物，也是最能
反映中式园林特点的构成元素。

　　这一点也为当代艺术家捕捉到。纽约大都会艺术博物馆
中国展区中有一个室内园林，名明轩，是当年邓小平访美时
赠与卡特总统的，由著名园林艺术家陈从周设计。在明轩最
显目的地方有一半亭，半亭之侧有芭蕉假山小景，真是简劲
潇洒，值得玩味。洛杉矶的汉廷顿花园中的中国园[①]，在云墙
逶迤中，也置有假山蕉影，映衬在粉墙黛瓦之间，有一种萧
散的气质。

　　中国自北宋以来庭院多有假山，假山旁又喜欢种上芭

①汉廷顿花园为陈
从周先生法嗣陈劲先
生所设计，在海外诸中
国园建设中，此园以其
典型的中国风为西方建
筑界所注意。

清　金农　杂画册之七　北京故宫博物院

纽约大都会艺术博物馆明轩一角

洛杉矶汉廷顿花园中的中国景

蕉，大片大片的芭蕉成了假山的背景，后来成为中国庭院装饰的常设。明代计成《园冶》所谓"虚窗蕉影玲珑"，说的正是这个意思。

在绘画作品中也能看出这一点。如南宋纨扇小品《蕉石婴戏图》中，画十多个孩子在假山周围嬉戏，假山是太湖石，芭蕉依傍假山，体量巨大，成了孩子们捉迷藏的场所。

如元初钱选的《卢仝烹茶图》，今藏台北"故宫博物院"，此图画茶室烹香之后，有大片的湖石假山，玲珑嵌空，极富变化，假山之后有宽大的芭蕉叶，凛凛有风神。

明代沈周生平画有大量芭蕉假山图，他的《蕉石》图诗说："记得西园里，题名在绿蕉。十年风雨横，旧墨可曾消？"他在假山蕉影中追寻生命的真实。

吴门画派中的文徵明、陈白阳也有大量的芭蕉假山图存世。白阳《蕉石亭》图题诗云："怪石如笔格，上植蕉叶清。黯然太古色，得尔增娉婷。欲携一斗墨，叶底书黄庭。拂石更盘薄，风雨秋冥冥。"不是芭蕉假山有特别的美感，而是要在蕉石影中思考生命的价值。

仇英的《古代仕女图轴》，画两仕女立于芭蕉湖石之前，笔法细腻，格调娴静优雅，是古人这方面趣味的活泼体现。

为什么金冬心说"白了人头是此声"，说"芭蕉叶，大禅机"？为什么古人说"梧桐雨、芭蕉叶，最伤心"？为什么诗人要咏叹"觉后始知身上客，况闻细雨打芭蕉"？细雨滴芭蕉，点点滴滴，如敲在人们的深心中，它将夜拉得更长，将人们的思绪拉得更长，将人们的生命幽思拉得更长。

细雨打芭蕉，丈量出人生命资源的匮乏。在佛教中，芭蕉是脆弱、短暂、空幻的代名词。《维摩诘经》说："是身如芭蕉。"用芭蕉的易坏（秋风一起，芭蕉很快就消失）、中空来比喻空幻思想。中国人说芭蕉，就等于说人的生命，中国人于"芭蕉林里自观身"，看着芭蕉，如同看短暂而脆弱的人生。

芭蕉在中国，意味着"须臾之物也"。所谓石畔芭蕉叶，经霜叶不留。芭蕉弱而不坚，短而不永，空而不实，芭蕉几乎是脆弱、短暂、空幻的别称。芭蕉忽然而生，绿意盎然惹人爱；转眼间，却是衰落纷披成枯景。如此绚烂之物，却是这

明　唐寅　陶毂赠词图轴　绢本设色
168.8×102.1厘米　台北"故宫博物院"

样的脆弱。所谓"流光容易把人抛，红了樱桃，绿了芭蕉"，说芭蕉，就等于说时光流逝，说生命短暂。

中国人在芭蕉湖石所构成的表现模式中，将短暂和绵长放到一起，将人脆弱的生命和永恒的定在放到一起，从而玩味生命的超越意义。这正应了苏轼所说的："身如芭蕉，心如莲花。百节疏通，万窍玲珑。"①

①《东坡题跋》卷一，此据《津逮秘书》本。

这里以明末画家陈老莲为例，来说中国人心目中这独特的蕉石情。

石是陈老莲绘画的主要道具之一，尤其晚年的人物画中，石和人相伴，形象极为触目。在陈的人物画中，家庭陈设，生活用品，多为石头，少有木桌、木榻、木椅等表现。

如《南生鲁四乐图》中《讲音》一段，南生鲁倚卧于一

明　陈洪绶　南生鲁四乐图（局部）　苏黎世利伯特格博物馆藏

个奇怪的湖石上，石头是其唯一的背景。《华山五老图》中几位老者如坐在巨石阵中，石头奇形怪状，或立或卧，为案为坐，如同与人对话。即使是一些侍女图中，人物所依附的也多是石头，如作于1646年的《红叶题诗图》，一曼妙的女子，坐在冰冷而奇怪的湖石上构思她的诗。台北"故宫博物院"所藏的《观音罗汉图》，连观音也坐在湖石上。

陈老莲通过石头，表现特别的用思。文震亨所说的"石令人古"，正是他要追求的精神。他早年曾画过《寿石图》，以嶙峋叠立的石头为岁月绵延之意。他的《同绮季》诗写道："松风已闻三十载，却与姜九不曾闻。买个笔床随汝去，三生石上卧秋云。"陈洪绶取三生之石并非着意于小乘佛教的轮回之意，而是执着于他的永恒思考，将易变的人生，放到永恒不朽的石头面前审视。

陈洪绶常以石配芭蕉，他的画是真正的"蕉石影"。

如作于1645年的《品茶图》（藏上海朵云轩），正对画面的那位高士就坐在巨大的芭蕉叶上。作于1649年的《饮酒祝寿图》（私人藏）背对画面的高士，身下也是芭蕉。作于同年的《何天章行乐图》（藏苏州博物馆），一位女子坐在芭蕉上。作于1650年的《斗草图》（辽宁省博物馆藏），也有女子坐在芭蕉上的描写。

陈洪绶晚年曾暂居于绍兴徐渭的青藤书屋，那里就种有不少芭蕉。他搬进新居，曾作有《卜算子》词云："墙角种芭蕉，遮却行人眼。芭蕉能有几多高，不碍南山面。　还种几梧桐，高出墙之半。不碍南山半点儿，成个深深院。"表现自己挚爱芭蕉的心意。

如我们看他晚年的代表作品《蕉林酌酒图》，看他在"蕉石影"中所注入的特别的"蕉石情"。

《蕉林酌酒图》背景是芭蕉林，旁边有奇形怪状的假

明　陈洪绶　蕉林酌酒图　绢本　156.2×107厘米　天津市艺术博物馆

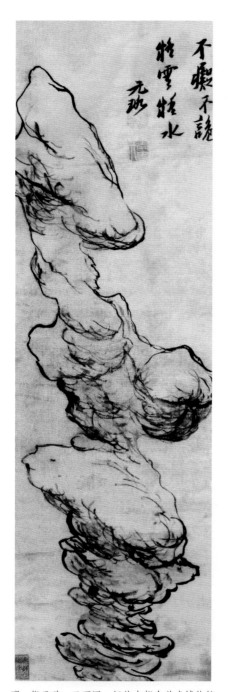

不飃不詭
粉雪怪水
元璐

明　倪元璐　云石图　纽约大都会艺术博物馆

山，假山之前有一长长的石案，石案边一高士右手执杯，高高举起，凝视远方，若有所思。高高的宽大的芭蕉林和玲珑剔透的湖石就在他的身后，画面左侧的树根茶几上放着茶壶，正前侧画两女子，拣菊煮酒。而那位煮酒的女子，正将菊花倒入鼎器中，她就坐在一片大芭蕉叶上，如同踏着一片云来。从画面幽冷迷蒙的格调可以看出，当在微茫的月光下。整个画面极有张力，作品带有自画像的性质。

《蕉林酌酒图》创造了一个高古幽眇的境界，画面出现的每一件物品似乎都在说明一个意思：不变性。这里有千年万年的湖石，有枯而不朽的根槎，有在易坏中展现不坏之理的芭蕉，有莽莽远古时代传来的酒器，有铜锈斑斑的彝器，还有那万年说不尽的幽淡的菊事……在一个战栗的当下，说一个千古不变的故事。

青山不老，绿水长流，把酒问月，月光依然。陈洪绶创造这样的高古境界，将易变的人生放到不变的宇宙中展现它的矛盾，追问生命的价值，寻求关于真实的回答。晚年他的艺术充满了追忆的色彩，所谓"人惭新岁月，树发旧时香"。他有诗云："枫溪梅雨山楼醉，竹坞茶香佛阁眠。清福都成今日忆，神宗皇帝太平年。"（《忆旧》）在追忆中，现实的处境漫漶了，时间的秩序模糊了，人我之别不存了，天人界限打通了，千古心事，宇宙洪荒，一时间都历历显现于目前。

四 石为云根

明末艺术家倪元璐有《云石图》，本为纽约大收藏家顾洛阜所藏，今归纽约大都会艺术博物馆，有"不痴不诡，拟云拟水"的题跋。这是一幅奇特的作品，整幅立轴就画一块瘦长的石头，似由地下生出，得地气而生长，在云间飞腾。笔意飞舞盘绕，似石又似云，有云水的意趣，不啻为性灵的腾挪。

香港翦淞阁收藏明清以来流传的奇石，名青昙峰，收藏家的朋友刘丹曾为其作此石画，此画曾在2005年西泠印社观奇石赏名画特展中展出。刘丹的画，正是将此石处理为一片飘动的云，下窄上宽，极有风味。

一古一今两幅画，几乎是对中国人一种观念的注释，这就是"石为云根"。

无根的石，在中国人看来是生命之根。李德裕说："块然天地间，自是孤生者。"[1]石并不孤独，它与天地万物生生相连，同气同根。

另外，道教说，云是由石化来。石为云根，云蒸石润，祷石而雨，天启甘霖。定在的石就是那一片飘缈的白云的根，它从云中飘来。定在的石和不定的云就这样结合了起来。

诗人当然不会坐实云由石生的观念，他们将其理解为一种动静虚实变化的浪漫精神境界，所谓"云根苔藓山上石，冷红泣露娇啼色"[2]、"过桥分野色，移石动云根"[3]。

石是实中见虚，是播云耕雨之手，是飞舞的世界的根源。真所谓"虽然在屋里，自有白云知"，把那飞舞的世界引到案头，引到心间[4]。杜甫有诗云："乔木澄稀影，轻云倚细根。"[5]云生石边，顿生意态，这个细根，就是山石。同时，这个浪漫的说法又

① 李德裕《题奇石》诗："蕴玉抱清辉，闲庭日潇洒。块然天地间，自是孤生者。"（《李文饶集》别集卷三）

② 李贺《南山田中行》，《李贺诗集》卷二。

③ 贾岛《题李凝幽居》，《长江集》卷四。

④ 清张英《文端集》卷四十一："古人以石为云根，故云泰山之云，触石而雨。"

⑤ 杜甫《东屯月夜》，《杜工部集》卷十六。

翥淞阁藏明代青昙峰

强调，依一个不变的世界，期待理想的云霓。这就是林有麟所说的："石有形有神……至其神妙处，大有飞舞变幻之态，令人神游其间，是在玄赏者自得之。"①

在中国古代，石和云常被联系在一起。前人有诗云："抱琴看鹤去，枕石待云归。"②苏轼赠一位僧人的诗中说："还将天竺一峰去，欲把云根到处栽。"③说的就是石。

宋人陈起，得一块石，名之为生云轩，并作《生云轩》诗云："在山长与云同齐，出山忆云云不来。千金买得太湖石，数峰相对寒崔嵬。朝来忽觉青苔湿，暖暖如炊石间出。白云何处不相逢，却怪年年枉相忆。王郎胸中横一丘，在山出山云与游。更呼白石老居士，来倚云根吟七字。"④石为云根，依此石，如倚飘缈的云，摘来一朵高天的云霓，来安顿自己心

①《素园石谱》卷一。

②唐李端《题崔端公园林》，《全唐诗》卷二百八十五。

③苏轼《予去杭十六年而复来留二年而去平生自觉出处》，《苏轼诗集》卷三十三，中华书局1982年版。

④陈起《江湖小集》卷五十六。

舞石

醒石　醉石

与天齐的愿望。

石为云根的观念展现了中国哲学追求的生生活力的思想。无根的石，更是一种无生的石头。按照中国人对自然的分类，如《荀子》中的分类，土石等有气无生，草木有生而无知，禽兽有知而无义，而人是有气、有生、有知更有义。也就是说，土石虽得气而生，处于最底层次，它虽然化有生命，但本身是没有生命感的，亘古如斯，没有生命变化的迹象。

中国人却赋予这无生命感的对象以生命之本的意味。僵硬的石头在中国人看来，是化有生命之本。石为天地灵气所聚，是"天地至精之气，结而为石"①。天地中有清浊二气，石由清气所凝聚，故而清刚独立，历经造化鬼斧神工雕刻，凝聚无限的生命力。中国人认为，"土精为石"，石是土之精

①孔传《云林石谱》序，孔氏为南宋绍兴人。

涌云石

云岫

者，是大地孕育出的精华，土为五行之一，居中为上，为生生之本，故石具生生之美。赏石，如沿着一条苍莽的古道，直达宇宙洪荒，直探生命之源。

五　无生的石

与石为云根思想相关的是，中国赏石文化中非常重视石头的"无生"感，石是枯的，无生命特征，无鲜活的样态。然而，正以其无生，故而无死，是一个真正的"不生不死"者。这"不生不死"的特性，与老庄哲学中的"至生者无生"的思想相合，更与大乘佛学的"不生亦不灭"的无生法忍哲学相契合。

在道家哲学看来，世界中的生命存在，因其"生生之厚"，最终并不能获得真正的生。但一拳顽石，冷然掷于世界，无生生之厚。因为无生生之厚，所以长生。正因如此，石虽枯而犹润，在枯燥中见润——充盈的生命展现、无边的生命活力。而在中国的佛教哲学尤其是禅宗看来，石之不生不死的特性，跳脱了生灭的轮转，以其永恒的寂寥彰显世界的真实。

赏石文化中蕴藏着中国人这一重要智慧——"生生者不生"。赏石者常以"青芝峰"名石，这"青芝"二字，就包含着"以其不生，故而能生"的思想。《宝碧》长卷诸石中有一段画一石，重墨钩出外在轮廓，略染青绿，在如一团烟雾忽然在地下冲起，直上云霄。坚硬冰冷中有葱翠存焉。旁有题诗云："一朵青琅玕，置根自海岛。何年鹤衔来，遗其神仙草？"石，是大地的灵芝，是生命的象征。悟石可得"养生之主"。

我们从清代画家金农艺术中的"无生"意识来看这样的思想背景。金农有"丹青不知老将至"印章，并题有印款，印款透露出一些值得重视的思想：

> 既去仍来，觉年华之多事；有书有画，方岁月之无虚。则是天能不老，地必无忧。曾何顷刻之离，竟何桑榆之态。惟此丹青挽回造化，动笔则青山如笑，写意则秋月堪夸。片笺寸楮，有长春之竹；临池染翰，多不谢之花。以此自娱，不知老之将至也。

这里所说的"长春之竹"、"不谢之花"，在金农一生艺术中很具象征意义。他喜欢画竹，就是要表达它似乎在时间之外的特性，不随春去春来而花开花落。一定程度上可以说，金农的艺术就是他的"不谢之花"，花开花落的事实不是他关注的中心，而永不凋谢，像金石一样永恒存在的对象，才是他追求的。大地上天天都在上演着花开花落的戏，而他心里只专心云卷云舒的恒常之道。绘画，在金农这里，只是他思考生命价值的一种途径。

似乎金农是一个害怕春天的人，他喜欢画江路野梅，他说："野梅如棘满江津，别有风光不爱春。"他画梅花，主要是画回避春天的主题。他说："每当天寒作雪冻萼一枝，不待东风吹动而吐花也。"腊梅是冬天的使者，而春天来了，她就无踪迹了。他有一首著名的咏梅诗："横斜梅影古墙西，八九分花开已齐。偏是春风多狡狯，乱吹乱落乱沾泥。"春风澹荡，春意盎然，催开了花朵，使她灿烂，使她缠绵，但忽然间，风吹雨打，又使她一片东来一片西，零落成泥，随水漂流。春是温暖的，创造的，新生的，但又是残酷的，毁灭的，消亡的。金农以春来比喻人生，人生就是这看起来很美的春天，一转眼就过去，你要是眷恋，必然遭抛弃；你要是有期望，必然以失望为终结。正所谓东风恶，欢情薄。

曩在汪伯子巗巖東草堂見張萱畫飛白
於紙長一丈許乾墨渴筆枝葉皆古儼如
快雪初晴微風不動想作者非娟娟之姿
恒人也令縛黄羊尾毫畫此一幅絕無所
到不習其能然耶間小有合耳
　　　　冬心齋主記

清　金农　杂画册之一　浙江省博物馆

寶樹具妙相香界圖一林大葉若壞衲
紛披何蕭森林中僧未歸誰向石鴟尋負
㕙念佛鳥清晝連夕陰
十九松長者畫并題其上
仿唐顧司户詩體也

清　金农　杂画册之一　浙江省博物馆

躲避春天，是金农绘画的重要主题，其实就是为了超越人生的窘境，追求生命的真实意义。金农杭州老家有"耻春亭"，他自号"耻春翁"。他以春天为耻，耻向春风展笑容，表达的就是这样的意思。他有诗云："雪比精神略瘦些，二三冷朵尚矜夸。近来老丑无人赏，耻向春风开好花。"清人高望曾《隔溪梅令·题金冬心画梅》说："一枝瘦骨写空山，影珊珊。犹记昨宵，花下共凭阑，满身香雾寒。　　泪痕偷向墨池弹，恨漫漫。一任东风，吹梦堕江干。春残花未残。"[1]金农要使春残花未残，花儿在他的心中永远不谢。

中国人欣赏石头，在一定程度上，正看中这不随岁月流逝、没有花开花落的"无生"特性。石是寂的，是寂然而生者。

中国人有石"自是秘生者"的说法。石看起来是死寂的，不会说话，无生无长，但又潜藏着生命的因素，在不生中有生，在超越生灭的世界中，保持自己的真性。所以石是一个"秘生者"。"虚寂在水岑，块然天地间"，寂而不灭，在天地之间展示其昂然的生命。一拳顽石，可以说是宁静中的存在，寂寞中的显现，沉默中的活泼。

如中国诗人艺术家品味石上苔痕的观念，其实就是由此生命观中演化而出。云生在石根，石上有苔痕。中国人还喜欢在石上着苔痕，所谓"怪石嶙峋虎豹蹲，虬柯苍翠荫空村。亦知匠石不相顾，阅历岁华多藓痕"[2]。

其实，石上苔痕、石旁芭蕉，意即一也。徘徊于虚实之际，流连于色空之间，莓苔古色空苍然，恍惚幽眇，所谓苔痕梦影。而石是固定的，坚硬的。石上苍苔，不定中的定，定中的不定，如说一个世界的梦幻故事。至若云移莲势出，苔驳锦纹疏，苔痕与石之纹理相互逗弄，便有说不尽的迷离恍惚之韵。莓苔助新青，顽石带苍古。苔痕是当下的鲜活，顽石是往古的幽深。

①丁绍仪《听秋声馆词话》卷十一，见《词话丛编》第三册。

②张伯起题昆山石语，见林有麟《素园石谱》卷一。

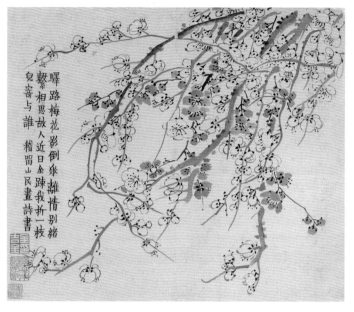

驿路梅花影倒垂 离情别绪系相思 故人近日全无赖 我折一枝儿寄与谁 楷留山民画诗书

清　金农　梅花图册之一　纽约大都会艺术博物馆

山僧送米乞我墨池游戏极瘦梅花画裹酸香扑鼻松下寄 到冷清清地空笑约溪翁三五 看罢汲泉煮茶器 曲江外史写并谱新词

清　金农　梅花图册之二　纽约大都会艺术博物馆

①《白居易集》第二册,中华书局,1996年。

白居易《太湖石》诗说:"烟翠三秋色,波涛万古痕。削成青玉片,截断碧云根。风气通岩穴,苔文护洞门。三峰具体小,应是华山孙。"[1]三秋色是当下的情景,万古痕是无垠的过去。万古的痕迹就在当下中跃现,即此在即永恒,由此表达超越生命的意旨。中国人说,石有禅机,一拳顽石,悠然相对,电击火出,豁然醒悟。

六 展现生命智慧的砚铭

前文曾言及徐渭的砚铭,这是中国艺术家关于石的一种特别的书写。

传统文人推崇"枕石漱流"的潇洒情怀,当然这里并非说人们枕着石头看流水,依不变的永恒看世界的流动,在流动的世界中品味永恒,才是它的根本意思。从容大化、浩然千秋,而品砚,恰恰成为"枕石漱流"的重要方式。

砚铭,或称研铭,是一种在砚台上镌刻的文字,形式有些像印款,都刻在印石或砚石的背面或侧面,但砚铭与印款又有不同,后者主要是记录刻一枚印章的时间、地点、因缘等,有的补充说明印文的内容,如蒋仁著名的"真水无香"印的印款,就是说明那次大雪后刻这枚印的场景和境界,对理解这枚印非常有帮助。

②世传有《冬心斋研铭》一册,前有冬心于雍正十一年所作之序,黄裳《清代碑刻一隅》曾言及,极赞其刊刻版本之精,认为流传"稀如星凤"。同治癸酉刻本《西泠五布衣遗著》卷三也收录金农之《研铭》,并有陈曼生之序言。称其"无一凡近语"。2009年北京德宝夏拍出现这件作品。

砚铭虽然在位置上与印款相似,其功能与印款相异,倒是与印文本身相似。其内容主要是根据一方砚台的特点,如其形象、纹理等,延展开来,说自己的人生体会,表达生命的颖悟和智慧。石的品鉴和生命智慧的传达融为一体。

我在研究清代艺术家金农的过程中,发现这位金石高手一生写过百余砚铭,这些砚铭记载着他对古砚品质的鉴赏,又体现出他独特的人生哲学[2]。有一砚,白纹若带,裹于石上，他谓之为腰带，为之作《腰带砚铭》："罗带山人，韦带隐人，吾不知世上有玉带之贵人。"韦带，《汉书·贾山传》："布衣韦带之士，修身于内，成名于外。"韦带，指平民所系没有文饰的皮带。金农由一种似于腰带的形象，发为自己的思考，表现自己脱略世俗的情怀。他有一印，似门，他作《写周易砚铭》："蛊、履之节，君子是敦。一卷周易，垂帘阖门。"此在说《周易》的"卑以自牧"的思想。

　　世传他的《砚铭册》行书，是一件极为珍贵的书法作品，其中记载了他大量的题砚文字。如《巾箱砚铭》云："头上葛巾已漉酒，箱中剩有砚相守。日日狂吟杯在手，杯干作书瘦蛟走，不识字人曾见否？"其中展现的思想简直有《二十四品》中《沉着》一品之风味："绿杉野屋，落日气清。脱巾独

清　金农　砚铭册之一

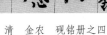

清　金农　砚铭册之四

清　金农　砚铭册之六

步，时闻鸟声。鸿雁不来，之子远行。所思不远，若为平生。海风碧云，夜渚月明。如有佳语，大河前横。"

砚铭之文体起源较早，到了唐宋之时，随着赏砚风气日炽，砚铭也更为普及。宋人已有大量的研铭之作，如苏轼和黄庭坚一生作了大量的研铭。苏轼曾给徽州著名的龙尾砚作铭云："涩不留笔，滑不拒墨。瓜肤而谷理，金声而玉德。"此乃就龙尾砚的造型特征和品性而言。

大量的研铭是通过砚台的品鉴，表达生命之思考，尤为士人所深爱。宋黄庭坚是一位深爱砚台的人，他爱砚，也据砚而思考。他作有多首"研铭"，如其《研铭》三首云：

其坚也，可以当谤者之铄金；其重也，可以压险者

之累卵；其温也，可以销非意之横逆；其圆也，可以行
立心之直方：如是则研为予师，亦为予友。

善友在前，良规在后，精则入神，勤则见功。坚如是，
重如是，乃能时中，固穷在道，涉世在逢。

制作淳古，可使巧者拙，夸者节；性质温润，可使躁者
静，戾者听。观辈几而见研，忘其一室之悬罄。

温而栗重，不泄不为，砺砥为翰墨守，不假人，永
终吉。[1]

①《豫章黄先生文
集》卷十三。

这样的砚铭，成为人生之箴诫，有深刻的内容。一片沉默无
言的石，几乎成为时间老人，在为你指出人生的路向。以石
为友，以砚为师，以成就光明之人生。

儒家思想有"比德"的传统，"物可以比君子之德"，岁
寒三友、四君子之类的物之所以成为艺术家喜欢表现的对
象，就与此一比德传统有关。通过水来比况人生更成为人们
熟知的例子。不仅儒家，就是道家哲学中也很重视。如老子
的水之喻就是显例。研铭这一文体形式，最主要的功能可能
就是"比德"。上举黄庭坚的研铭也属比德。《豫章黄先生
文集》卷十四载有数则研铭，如：

剜其中以有容，实其踵以自重，绨衣漆室，盥濯致用，
风棂垢面，蛛网错综，游于物之倘然，吾与尔同梦。

其坚也似立义不易，其润也似饮人以德，叩之铿
然如玉如金。

温润而泽，故不败笔；缜密以栗，故不涸墨。明
窗净几，宴坐终日，观其怀文而抱质。

厚而静似仁，刚而温似德，不反不侧，似宜翰墨。韬
兮虚其心，笼古而络今；惟子翰墨林，坦兮实其踵。不震
不竦，其承不夏。角浪沄沄，不瑕其温。圜以行世，不规其
盆。

这些研铭借石说人，说人的品德，说生命的意义。真所谓
"怀文而抱质"，文在外，而质在内，砚为物，而品砚者在心。

我最喜一些通过砚石的品鉴，而传达独特的人生境界
的砚铭。如纪晓岚的一则砚铭写道：

濡笔微吟，如对素琴。弦外有音，净洗余心。邈
然月白而江深。①

①此为河北献县发
现的一方砚台上纪晓岚
之题。

细细品读，如看一位品性幽淡的文士，和墨舔笔，笔尖轻轻
地掠过砚石，如飞鸟过林，轻云度日，放笔狂写，消歇处，神
定气匀，此时心中无一物，但见得海天空阔，朗月澄明。

宋晁补之善砚铭之作，他有赞端砚铭云：

森然星辰，不可以天文；隐然堆址，不可以地理。有
倏忽相遇之际，或执其枢；云翔而雨驱，似神而非，于是以
茁万殊。②

②《鸡肋集》卷
三十二。

由一方紫花夜半吐虹霓的端砚，作为发为诗意的联想，上及
天文，下及地理，旁及生生，深及宇宙之枢机，思路开阔，有
迥然超远之趣。此等品石，真可谓神游天地、莫知所终者。

宋　苏汉臣　秋庭戏婴图　绢本　197.5×108.7厘米　台北"故宫博物院"

结　语

　　石不能语最可人，石之"可人"主要不在其物性，石只是一个媒介，一个生命的凭依物，于此可品味生命、品读人生、品鉴世相，"可人"不在石，而在心，在心的无言默会，在生命觉性的自由展张。

中篇　假山的意味

对于中国人来说，假山是个诗意的天地，是创造梦幻的地方。园林假山，寄寓着创造者的性灵，带去了无数赏园者的清魂。

欧洲传统建筑中，一般都有雕塑，雕塑多为人像，人像又多与宗教内容有关。中国传统建筑却没有这样的雕塑，这曾令17、18世纪中一些到中土来的西方人感到很奇怪，也很不解。中国传统建筑的庭院中有一样东西为西方所没有，这就是假山，假山所起到的作用与西方建筑前的雕塑庶几相似，它由怪石垒成，为一园之关键，成为人们某种思想观念的重要象征。

这并不起眼的假山中，不知酝酿了多少中国人的生命故事。《西厢记》中，张生趁莺莺烧香时，在湖石假山畔作诗道："月色溶溶夜，花阴寂寂春。如何临皓魄，不见月中人。"月色笼罩下的假山，令人春心荡漾。《牡丹亭》中杜丽娘和柳梦梅梦中相会，就在"转过这芍药栏前，紧靠着湖山石边"，到后来，杜丽娘相思而亡，也埋在这假山之下。

吴门画派领袖文徵明有两幅《真赏斋图》，其一藏于上海博物馆，作于他八十八岁时。画茅屋数间，屋内陈设清雅朴素，几案上书卷陈列，两老者对坐相谈。所谓"两翁静坐山无事，静看苍松绕云生"。门前青桐古树，修篁历历，左侧画有山坡，山坡上古树参差，而右侧则是大片的假山，中有古

明 文徵明 真赏斋图 上海博物馆

松点缀，细径曲折，苔藓遍地，真得"老树幽亭古藓香"之意境。假山是这幅画境界创造的关键，它是人物活动的背景，又是彰显主人精神意趣的承载物。而中国国家博物馆所藏同名作品，作于上海藏本之前，更突出湖石的孔穴，通灵透彻，令人印象深刻。

对于中国人来说，假山是个诗意的天地，是创造梦幻的地方。园林假山，寄寓着创造者的性灵，带去了无数赏园者的清魂。不仅有拳地勺天高远意，却还有嘤嘤啼啼不了情。

据一园之形胜，莫若山。无山则不为园。叠山理水，其中叠山又占有重要位置。水系易成，山势难立。山势立，则一园风景之大概已具。假山是人们运用石料"叠"的、"掇"的，做出一片风景，也演绎着创造者的一片灵心。真正的叠石者，不是简单的"石工"，而是独抒性灵的艺术家，杂乱之石，叠起胜景，配之以明花疏树，延之以陂陀平冈，引之以涧瀑清泉，幕之以藤情蕉影，再辅之以蓝天白云、月上柳梢，其凛凛风神，爱煞人也。故应知，不到园林，哪知春色如许；园无假山，怎疗烟霞痼疾！

元　钱选　芭蕉唐子图　37×38厘米

第四章　假山之名

　　假山，不是真的山，是对真山的模仿，是真实山景的微缩化，假山以小山像大山。这可能是人们初接触假山时想到的问题，但这样理解并不确当。

　　假山是人所"叠"所"堆"的，是人的创造，人取来拳石，垒出胜景，创造一个艺术世界，其中包含人们的审美追求，更融入人的生命觉慧。假山是人们以石来雕塑，在虚空的世界划出丽影。所以，假山并非是真山的模仿，更不是真山的微缩化。人们在庭院中做出假山，并非满足人们对山的渴望，而是一种内在的生命追求。

　　欲明假山之意，玩味它的名称，或许能寻觅出一些重要的线索。

一　假山的由来

　　垒石造山，以为景观，在中国起源较早。汉代就有明确的垒石山的记载。但真正形成风气，要到唐代，唐人营造假山风气很浓。白居易有诗说："朱槛低墙上，清流小阁前。雇人栽菡萏，买石造潺湲。影落江心月，声移谷口泉。闲看卷帘

①《西街渠中种莲
叠石颇有幽致偶题小
楼》,《白居易集》第二
册,中华书局,1996年。

坐,醉听掩窗眠。路笑淘官水,家愁费料钱。是非君莫问,一
对一翛然。"①这里的"买石造潺湲",指的就是造假山。

现藏纽约大都会艺术博物馆的《乞巧图》大立轴,本为
纽约收藏家王己千收藏。传为五代画家所作,是一件中国艺
术史上的重要作品。此件作品表现当时显贵人家七夕节的
活动,图中对当时的人家陈设有细致描绘。其中在画的前端
最显豁的位置画了两处假山,石呈黑色,形象奇诡,周围幂
之以花木,由于被置于特别的位置,可以揣测假山在当时有
较高的地位,且受到人们的重视。

到了两宋时假山成了寻常之景,乃是庭院寻常之景,又
是标示人物活动的重要背景。现藏于台北"故宫博物院"的
《折槛图》,画汉成帝时历史故事,但景观的安排却是两宋
人的眼光。汉成帝坐在假山之前,假山被置于高高的石座
上,造型奇特,孔穴甚多,当是两宋人喜爱的湖石假山。

唐宋美术作品中所见假山大体有两种功能,一是审美方
面的考量,假山一般是庭院的重要点景,置于庭院中显豁的
位置,画面中描绘假山,一般都放在突出的位置,强调它的
审美特性。我们在南宋时的婴戏之类的图像中就能获得此一
认识。

著名作品如南宋民俗画家苏汉臣所作的《秋庭戏婴
图》,今藏台北"故宫博物院"。作品展示的是两个活泼的孩
子为斗蟋蟀所着迷,而占据画面大部的却是一个巨大的石
笋,石笋旁有繁花异卉点缀,使得画面呈现出活泼的格调。这
里的石笋是装饰,是一审美之物。另外一幅传为其所作之《侲
童傀儡图》,画的是宋人傀儡戏的场面,具有重要价值。其中
背景也是湖石假山,作镂空之状,色泽黯黑,辅以白花点点。

北京故宫博物院所藏的三件纨扇小品和一件册页,分别
是《小庭婴戏图》、《秋庭戏婴图》、《蕉石婴戏图》和《蕉

五代 佚名 乞巧图 162×111厘米 纽约大都会艺术博物馆

宋　佚名　折槛图（局部）　绢本设色　台北"故宫博物院"

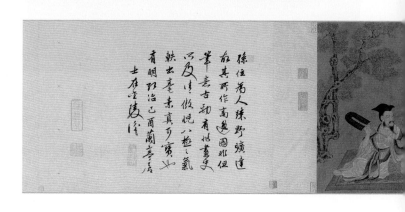

荫击球图》，所展示的都是庭院中的孩戏，其中都画了假山，假山一般体量较大，后有绿竹或花卉相衬，

唐宋时图像中所展示的假山的另外一个作用，则是关乎人的精神性的。中唐以后，随着道禅哲学的影响，文人意识渐次兴起，假山所突出的是人的"山林之趣"，是逸迈不群的情致，是从容潇洒的意趣。

唐孙位《高逸图》，今藏上海博物馆。画的是竹林七贤，但画已不全，今存四人，分四段，中间均以假山相隔，突出"山林中人"的特点。湖石假山兀立，形状怪异，中多孔穴，给画面增添了高古寂历的气氛。假山在这里不光昭示出人活动之场景，而且与人的精神性因素密切相关。

上海博物馆藏宋无款的《歌乐图》长卷①，其中后面一段画院中之景，依傍着竹林，有巨大的湖石假山，成为园中风景主体，假山多孔穴，有皴纹。虽然此图表现宫廷生活，但此段假山，颇有超迈之气，反映的是文人艺术的本色。

① 《中国古代书画图目》，沪1—0130。

上海博物馆所藏北宋佚名画家所作《雪竹图》轴，表现出典型的文人逸趣，带有五代北宋以来画家们常见的寒林雪意。雪为白，白为无，白雪提供了一片空无的世界。竹为清，乾坤唯一清切可贵；而石为奇，磊落奇磊，其中深藏士人不羁情怀。

唐　孙位　高逸图　绢本 45.8×168.7厘米 上海博物馆

宋 佚名 歌乐图（局部） 25.6×157.7厘米 上海博物馆

南宋 绣羽鸣春图 绢本设色 25.7×24.1厘米 北京故宫博物院 无款

现藏于北京故宫博物院的《绣羽鸣春图》，是一件小制作，意味却深永。一只鸟昂首于怪石之上，画得非常干净潇洒，不啻为士人精神之象征。

南宋时佚名画家所作《女孝经图》，突出女子的娴熟静美，背景却是一个偌大的假山，假山有微花细朵相衬，画得非常静雅。可以说，假山在这里既是人活动的背景，又为彰显人的精神提供另外一种背景。

美国堪萨斯州的纳尔逊-艾金斯美术馆藏有一件署为李嵩所作的《明皇斗鸡图》，是一纨扇小品画，在现今流传宋人此类作品中，此图属于上乘，其古朴典雅的宋风令人印象深刻。明皇坐在大马上看斗鸡，右侧为斗鸡的看客和操弄手，左有数名宫廷随从。明皇之后有一巨大的假山，隔开前后景。假山为太湖石，色泽黝黑，孔穴多，与绿竹相倚。

北京故宫博物院的《梧桐庭院图》，画虽大，画庭院一角，审视其不凡之气势，当是宫廷之景。此一角背景中高树绵延，殿宇相蝉。院子这一角倒是疏朗，别无他物，唯在右角有一石台，台上由鹅卵石铺成，上有一大假山，玲珑之物，当是太湖之石。上有冠云之势，明清时假山的基本特点在此基本已具。

典籍中还没有见到唐代之前"假山"名称的记载。但到唐代却突然多了起来。这说明，"假山"这一名称可能是在唐代流行起来的。杜甫是较早涉及"假山"名称的诗人，他作有《假山》诗，并有序：

> 天宝初，南曹小司寇舅于我太夫人堂下垒土为山，一篑盈尺，以代彼朽木，承诸焚香瓷瓯，瓯甚安矣。旁植慈竹，盖兹数峰，崭岑婵娟，宛有尘外格致，乃不知兴之所至，而作是诗。

宋　佚名　女孝经图　绢本　43.8×823.7厘米

宋　李嵩　明皇斗鸡图　42×37厘米　纳尔逊－艾金斯美术馆

宋 佚名 梧桐庭院图 24×19.3厘米 北京故宫博物院

一匮功盈尺，三峰意出群。

望中疑在野，幽处欲生云。

慈竹春阴覆，香炉晓势分。

惟南将献寿，佳气日氲氲。①

杜甫还有《游何将军山林十首》，其中有一首写何家的林园，
其中就谈到假山：

剩水沧江破，残山碣石开。

绿垂风折笋，红绽雨肥梅。

银甲弹筝用，金鱼换酒来。

兴移无洒扫，随意坐莓苔。②

杜甫谈到了假山的形制，堂下垒土石为山，假山建在人家的
庭院里，山峰叠起，并有老树参差，种有双生的慈竹，并置香
炉于其间，香烟燃起，烟云缭绕，从山石的缝罅中吐出，俨然
蓬莱仙境。唐宋时很流行这样的香烟装置，假山所起的作
用有点类似于汉代的博山炉，前文曾谈到过东坡的小有洞天
石，也在假山中藏香炉。

杜诗中的"残山"、"剩水"，其实就是后代所说的"叠
山理水"，不是真山水，却有真意味。杜甫特别谈到了假山
所给人带来的意兴，所谓"兴移无洒扫，随意坐苍苔"，人们
不出户庭，而享山林之趣，得到性灵的愉悦。

唐代贞元、元和间的诗人权德舆有《奉和太府韦卿阁
老左藏库中假山之作》诗，对假山营造情况有清晰交代。他
说："春山仙掌百花开，九棘腰金有上才。忽向庭中摹峻极，
如从洞里见昭回。小松已负干霄状，片石皆疑缩地来。都内
今朝似方外，仍传丽曲寄云台。"诗中记载当时的假山有山

苏州拙政园蕉石

扬州石片山房一角

峰峻极、山洞萦回，又有古松花卉点缀，已是颇有意思的园景了。

杜甫和权德舆诗中都谈到假山之作是为了兴人"尘外"、"方外"之想，假山是真山的替代，是为了满足人的山林之想。这样的思路，在韩愈《和裴仆射相公假山十一韵》诗中得到更明确的表达：

> 公乎真爱山，看山旦连夕。
>
> 犹嫌山在眼，不得着脚历。
>
> 枉语山中人，丐我涧侧石。
>
> 有来应公须，归必载金帛。
>
> 当轩乍骈罗，随势忽开坼。
>
> 有洞若神剜，有岩类天划。
>
> 终朝岩洞间，歌鼓燕宾戚。
>
> 孰谓衡霍期，近在王侯宅。
>
> 傅氏筑已卑，磻溪钓何激。
>
> 逍遥功德下，不与事相摭。
>
> 乐我盛明时，于焉傲今昔。①

① 引见《韩昌黎诗集编年笺注》本，卷十二，乾隆雅雨堂刻本。

裴相公酷爱山林，园亭中建假山，以为真山之象。使得主人不出堂奥，而坐拥山林，看假山绵延，潺潺流水从石罅中溢出，以尽山林野逸之趣。其中意味，正合中国艺术的重要概念"卧游"说的内涵。

二　作假山以"卧游"

上节提到的"卧游"概念是假山形成的重要理论基础之一。

　　"卧游"说本由画中起，提出这一概念的是南朝宋画家、音乐家宗炳。《宋书·宗炳传》说他好山林之趣，遍游名山大川，晚年因足疾，不能游览山水，叹曰："噫！老病俱至，名山恐难遍游，唯当澄怀观道，卧以游之。"山水画便成了真山水之代替品。

　　宗炳之后，"卧游"这一概念便成为山林之趣的代名词。北宋山水画家王诜（晋卿）说："要学宗炳澄怀卧游耳。"元倪云林称宗炳为"澄怀卧游宗少文"[①]，他以"卧游"来代替山水画："一畦把菊为供具，满壁江山作卧游。"而绘画乃至园林等与山林相关的艺术形式，在中国艺术家看来，都是为了"引卧游之兴"而存在的。

　　翳然清远，自有林下一种风流，是中国文人艺术家的理想境界。中国艺术家心目中的山林，并非外在风景，他们爱山林，也不是出于欣赏大自然的美，或者是厌倦城市生活，体现向往山林的"荒野美学"旨趣。一片山林，就是一片心灵的境界，中国艺术家在山林中寄寓自由的理想、人生的趣味。山林与庙堂相对，山林的野逸与庙堂的禁犯形成鲜明对比。人们优游于山林，是对沉闷而压抑的庙堂生活的一种补充，对满心功利生活的一种矫正。中国艺术家所说的"泉石膏肓，烟霞痼疾"正是这个意思，他们到山林中疗救心灵的创伤。

　　前文所提及的唐《二十四诗品·疏野》一品"惟性所宅，真取不羁。控物自富，与率为期。筑室松下，脱帽看诗。但知旦暮，不辨何时。倘然适意，岂必有为。若其天放，如是得之"，所表达的是对山林野逸境界的向往。任性而往，随意东西，无所拘束，从容与万物相优游，求得心灵的适意。"筑室松下，脱帽看诗"，收起外在的虚与委蛇，以直接的生命感兴面对世界。山林就提供了这样的天地。

①《王叔明画》，《清閟阁遗稿》卷八。

唐代以来山水画的兴起，其实也是为了满足人们山林之想的欲望——不是人们游山玩水的欲望，而是自由生命的驰骋。北宋山水大家郭熙《林泉高致》开篇说山水画存在的理由时，就谈到这样的思想：

> 君子之所以爱夫山水者，其旨安在？丘园养素，所常处也；泉石啸傲，所常乐也；渔樵隐逸，所常适也；猿鹤飞鸣，所常亲也。尘嚣缰锁，此人情所常厌也；烟霞仙圣，此人情所常愿而不得见也……然则林泉之志，烟霞之侣，梦寐在焉。耳目断绝，今得妙手，郁然出之，不下堂筵，坐穷泉壑，猿声鸟啼，依约在耳。山光水色，滉漾夺目，斯岂不快人意，实获我心哉！此世之所以贵夫画山水之本意也。

郭熙认为，山水画是因为满足人们的林泉之志而得以兴盛的。为什么人们会有"林泉之志"，那是因为人们在"尘锁"中失却的东西太多，啸傲山水，是一种性灵的补偿。郭熙这里谈到人们喜欢山水画的两个原因，一是欣赏山水之美，驰骋感官之乐，所谓山光水色，滉漾夺目，此为美的享受。二是快人意、获我心，为了安顿人的灵魂。

假山的出现与山水画非常类似，甚至可以这样说，中国山水画的发展，直接影响了假山的制作。山水作为中国文化中的独特语言——作为人精神象征的语言，成为支撑假山制作的灵魂。人们面对假山，也可以说"不下堂筵，坐穷泉壑"。没有这种独特的山水文化，几乎不可能有假山的流布。

唐宋以来有关假山的议论中，就有类似于"卧游"的思想。假山者，垒石而成，傍土得生，非造化所形成，乃人工之所为。假山是山的替代。唐人姚合《寄王度居士》诗论假山有云："无竹栽芦看，思山叠石为。"[1]将山林之景缩于庭院

①《全唐诗》卷四百九十七。

之中，以尽卧游之趣。司空图有《酒泉子》词描绘假山之妙境："买得杏花，十载归来方始坼。假山西畔药阑东，满枝红。"[1]薛涛《题从生假山》诗有云："宅相多能好自持，爱山攒石倚庭陲。"[2]因为爱山，而有假山，爱山不在山的外在面貌，而在人自由心性的象征。

自汉代以来，假山还为了满足人们的超越玄想而创造，所谓"叠石像蓬莱、方丈、瀛洲三山"[3]，所谓"石自蓬山得，泉经太液来"[4]，这样的思想一直伴随中国园林假山的发展，它与道教的思想影响有关。从这个意义上说，它也是山的替代形式，只不过这是想象中的仙山。

更为重要的是，人们以假山为中心，创造独特的艺术境界，使人心与万物相融相即。陆游对此有细致的论述。他作有《假山小池》诗二首：

> 凿池容斛水，垒石效遥岑。
> 鸟喜如相命，鱼惊忽自沉。
> 风来生细籁，云度作微阴。
> 便恐桃源近，无人与共寻。
>
> 莲岳三峰峙，桃源一路分。
> 池偷镜湖月，石带沃洲云。
> 鱼队深犹见，禽声静更闻。
> 岩幽林箐密，疑可下湘君。[5]

陆游就是从境界创造的角度来看假山的。水是一斛，石是数片，精心营构，俨然佳山丽水，便有遥岑远岫之感。清风徐来，微云淡荡，禽鸟相乐，游鱼从容，人寂然其中，融成一天，自结桃源梦幻，便成宇宙佳境。外在的小天地，成就了心

[1]《历代诗余》卷一百一十二。

[2]《全唐诗补编·全唐诗续拾》卷二十五。

[3]《唐语林》卷七《补遗》三。

[4]唐司空曙《题玉真观公主山池院》，《全唐诗》卷二百九十二。

[5]《剑南诗稿》卷五十。

广东东莞可园英石　　　　　杭州芝园庭院点峰　　　　　苏州瑞云峰

灵的大宇宙。他甚至在此感到"帝子降兮北渚，目眇眇兮愁予。袅袅兮秋风，洞庭波兮木叶下"的湘魂楚魄。

陆游又有《假山拟宛陵先生体》诗云："叠石作小山，埋瓮成小潭。旁为负薪径，中开钓鱼庵。谷声应钟鼓，波影倒松楠。借问此何许，恐是庐山南。"^①在微小的天地中，他的心却打开了，"谷声应钟鼓，波影倒松楠"，假山环绕着绿水，潭水影像绰绰；风来空穴，泠然有响，带着人汇入无边苍穹。此时何意山的假真、何意人我主客！

①《剑南诗稿》卷五十四。

三　假山是假的吗

虽然是山的替代形式，但假山毕竟不是真山，它是"假"的山，"假"的山如果只是模仿真山的样式，做一个缩小版，这样的创造会了无意味。如果固守模仿真山的模式，那么假山将如何表达艺术家的心灵，如何体现艺术家的匠心？如果假山真正是"假的山"，那它就不可能流传至今，成为人们普遍喜欢的艺术形式。再者，如果假山只是一种替代品，它也不合中国艺术理论的基本观念。因为中国艺术自中唐以来就反对形式的模拟，效法自然，但不是模仿自然。"不似之似似之"作为中国艺术的要则，也适用于假山艺术。

或许可以这样说，假山作为一种艺术形式，它与真山的相对以及二者之间的微妙关系，使得"不似之似似之"的思想在这里得以充分表现。这里更多体现的是"似"的智慧，而不是"仿"的技巧。若套用《红楼梦》中一联诗，可以叫做"假做真时真亦假，无为有处有还无"。无就是有，假就是真，亦真亦假，非真非假，似有若无，似实还虚。假山之妙，就在虚虚实实、真真假假之间。

明代造园艺术家计成以"山色有无中"（王维）的诗句来概括假山的特色，颇为精到。我以为，若以这句诗作为假山艺术的总纲，都不为过。假山之妙，就在山色有无之中，在似有若无、似像非像之中。

我们说假山创造的重要特点是给人留下想象空间，这个想象空间不光是使人起真山的联想，如果是由假山想到真山、由小山想到大山，这样的联想又有什么意味？假山之妙，不在"山"中，而在"有无中"，在虚与实、似与不似、真与幻等所构成的微妙关系之中。这个微妙的关系，乃是寄托诗意之根本、产生境界之源泉。

计成说："有真为假，做假成真；稍动天机，全叨人力。"假山中寄寓着艺术家独特的体验和创造，这是决定假山价值的根本因素。

假山在空灵的境界中显示出它独具的魅力。计成说："掇石须知占天。"这是一个非常浪漫的说法。"天"是空间，作假山，就是在虚灵中划出一道风景，在空无中显露一段真实，如同人手舞彩带，在空空如也的舞台上跳出一段曼妙的舞。李渔批评有些叠石家是"目无天地，胸无文章"，叠石家在天地间垒出一个意义世界。董其昌曾说书法是"下笔即有凹凸之形"，下笔即打破虚空，流出一段生命的悠长，在虚空中延续潺湲的生命。掇石一片，也是在虚空中书写性灵中的妙文章。

计成说假山之作，是"借以粉壁为纸，以石为绘也"，这个奇妙的想象说明，叠山的能手，是在虚空的世界作画，倩影婆娑，流光闪烁，灵气飘忽，使人蹈虚逐无，因实入空，作一段生命的飞跃。看苏州留园冠云峰正是如此，这个扎根大地的奇石，原来有云的奇想，所谓云鹤有奇翼，八表须臾还，它给人强烈的飞的感觉，它在空灵的世界中划出的影像令人陶醉。

洪亮吉曾有诗赞张南垣、戈裕良两位叠石大师："三百年来两轶群，山灵都复畏施斤。张南垣与戈东郭，移尽天空片片云。"[①]计成说："伟石迎人，别有一壶天地。秀篁弄影，疑来隔水笙簧。"这是多么浪漫的奇思，假山就是要有这样的霞想云思，它不是模仿真山之形貌，而是移来天空片片云。

中国的假山为什么没有发展成抽象的艺术？有研究说，亨利·摩尔的雕塑很像中国的假山，但在我看来，却有根本的差异。摩尔的雕塑没有关于山的语汇的限制，而中国的假山必须有山的基础，它是对山的形式的隐括，就像一个放出的风筝，飞得再高，还是有一根线抓在手中，山就是那只看不见的手。正因此，中国的假山不是一种抽象的艺术。计成《园冶》的自序说：

①《同里戈裕良世居东郭，以种树累石为业。近为余营西圃泉石，饶有奇趣。暇日出素笺索书，因题三句赠之》三首之三，《洪北江诗文集》卷七。

环润皆佳山水，润之好事者，取石巧者置竹木间为假山；予偶观之，为发一笑。或问曰："何笑？"予曰："世所闻有真斯有假，胡不假真山形，而假迎勾芒者之拳磊乎？"或曰："君能之乎？"遂偶为成"壁"，睹观者皆称"俨然佳山也"。

随便扔几块石头于林间，那不叫"假山"，那是虚假的山，没有山的意味、山的精神。假山绝不是胡乱堆积起来的石头。假山作为一门独立的艺术，要叠石，依照画理、根据创造者的心灵来垒石。假山的垒石中，必须要"假真山形"——借

苏州狮子林石笋

苏州狮子林假山

苏州狮子林假山

真山的形貌，不能脱离山来做假山。不能像是"迎勾芒者之拳磊"——古人以春神为勾芒，春天祭祀时要用石头，这样的石头胡乱堆积，全无义理，这不是艺术。假山的妙处在于"俨然佳山也"，似山又非山。完全没有山形，则不是假山；只是模仿山的形貌，也不是"佳山"——好的假山，就是要于似与不似处见之。

假山是否没有真山"真"？深通园林假山之妙的袁枚说：

常州杨青望《南涧晚归》云："岳寺风声起暮钟，残阳归去兴尤浓。停车欲认登临处，忘却西南第几峰。"陈郁庭《造假山》云："历尽嶙峋兴愈浓，归来犹自忆芙蓉。阶前叠石呼僮问，认是曾游第几峰。"两首相似，俱有羚羊挂角之意。

"羚羊挂角"②，妙处无迹可求。似山非山，正像诗中所写，叠石所为，似曾相见，又未曾见。游山林归来，又见假山，假山没有真山大，假山没有所游的山"真"，这样的假山还有什么意味？

明人谢肇淛曾对此质疑道："假山之戏，当在江北无山之所，装点一二，以当卧游。若在南方，出门皆真山真水，随意所择……又何叠石累土之工所敢望乎？"又说："然北人目未见山，而不知作，南人舍真山而伪为之，其蔽甚矣。"③他将假山称为"伪"——是不真的。

这样的观点难称允当。北人做假山并非因为北方无山，北方之山多矣。他没有看到假山的独立艺术价值，将假山仅仅当做真山的替代品。如果假山不是为了让人体会山的高耸远大，而是表现人心灵的体验，山居庭院中有这样的假山在，更能唤起人们对生命的把玩，流连于真山与假山之间，玩味于实有与空灵之境，于羚羊挂角处寻生命的真义，这样的假山存在不再是可有可无，而是给幽居带来无穷的意味。

假山胜过真山，如果说这样的话，很多人恐怕不会同意。其实这正是中国传统艺术的观点。我们可由中国画的讨论来看这一问题，传统山水画与外在真山水之间的关系，与假山与真山之间的关系很类似。这里可看看董其昌的观点。

董其昌在评董源《潇湘图》时说：

> 此卷……以《选》诗为境，所谓"洞庭张乐地，潇湘帝子游"者。忆余丙申持节长沙，行潇湘道中，兼葭渔网，汀洲丛木，茅庵樵径，晴峦远堤，一一如此图，令人不动步而作潇湘之客。昔人乃有以画为假山水，而以山水为真画，何

①袁枚《随园诗话》卷十四。

②羚羊挂角，出自禅宗的典故，形容没有痕迹的妙悟。《景德传灯录》卷十六说："我若东道西道，汝则寻言逐句，我若羚羊挂角，汝向什么处扪摸？"

③《五杂俎》上，卷三地部一。

①此见《容台集》
别集卷四（此见《四库禁
毁丛书》本）。此中所云
"《选》诗为境"，指画
南朝谢朓《新亭渚别范
零陵云》诗境："洞庭张
乐地，潇湘帝子游。云去
苍梧野，水还江汉流。
停骖我怅望，辍棹子夷
犹。广平听方籍，茂陵将
见求。心事俱已矣，江上
徒离忧。"

②《画禅室随笔》
卷四杂言上，此又见《容
台集》，《四库禁毁丛
书》本。

颠倒见也！董源画世如星凤，此卷尤奇古苍率。①

他另有一段论述也与此有关：

> 以蹊径之怪奇论，则画不如山水；以笔墨之精妙论，
> 则山水决不如画。②

这两段话包含非常重要的思想，在山水画领域，在他之前很少有人如此明晰地触及此一问题。就一般见解来说，山水画与外在山水何以为真，是一个不言自明的问题，外在山水当然比画中世界真实。但董其昌可不这样看，他认为这是一种多么荒诞的观点——"何颠倒见也"！在第二段论述中，董其昌从笔墨的角度，强调画中宇宙比外在世界更加真实，董其昌绝不是一位笔墨决定论者。这里包含他深刻的思考。

山水画高于真山水在于笔墨的精妙，笔墨不是纯然的形式，而是表现心灵的语言，艺术家用心灵照亮了山水，假笔墨而表达出来。纯然的山水是外在的对象，是与人的心灵无关的存在物。而山水画是一段心灵的轻歌，是人的生命光辉照耀的世界，当然要高于一般的存在物。

假山之妙也是如此，它虽然是对真山的隐括，但却是艺术家的创造，是艺术家心灵浸染的结果，僵硬的石被艺术家的生命之光照亮了。一片假山，呈现的不仅是对大千世界的概括形式，更是人的心灵的创造、生命的体验，假山是"韵人纵目，云客宅心"的体现，"无情有恨何人见，月晓风清欲堕时"（皮日休），好的假山给人带来的是难以用语言描述的美感。

正是在这个意义上说，艺术中的假山才是"真山"——显现生命真实意义的山，因为它比外在实存的山更能体现山的意义，更能彰显出生命的魅力，更集中地体现出自然造化

的内在精神。明代艺术理论家王世贞《弇山园记》之五说：

> 石壁，壁色苍黑，最古，似英，又似灵璧……客谓余："世之目真山巧者，曰似假。目假者之浑成者，曰似真。此壁不知作何目也。"[1]

① 王世贞《弇州山人四部续稿》卷五十九。

这个发问非常有价值。人们看黄山、桂林的山，鬼斧神工，说这山好像是假的一样；看那巧夺天工的假山，又说这好像是真山一样。这两个问题其实是一个问题，只是从不同的角度发问。这个问题就是：有一种存在于山形式之外的山的概念，这样的"山"，我们称之为"真山"。这个"真山"，就是山的"精神"。山何以有"精神"？这就像中国哲学所说的"四时行焉，百物生焉"、"逝者如斯夫"、"天行健"、"地势坤"等等一样，它是人所赋予的造化的精神，是人生命透升上去的生命活力世界，是这个生生宇宙的内在动力源泉。

其实，在中国人看来，假山水就是真山，比外在具体存在的山水更能体现山水的特征。所以，我们如果只将外在山水当作物质的对象，其实这样的对象是不真的。而体现山水精神的假山则是真的。假山与其他中国艺术形式一样，就是要表现这样的精神，"山"只是它借用的符号。故此我认为，中国的假山艺术，是对"山"的真实意义的发掘，也是对世界真实意义的发掘。虽是假山，却将山的灵魂出落出来，艺术家以几块石头来雕刻心灵，通过心灵的浸染，将石头变成了活物。此正是真山所不可比也，所以说虽假却真。

计成提出"掇石莫知山假"的观点，是与此相关的一条重要的假山创造原则。

假山不是真山，但不意味着它是"伪"的。假山艺术就是为了创造一片真实的意义世界，虽非真山而更"真"。计成在

明　仇英　人物故事图册之贵妃晓妆

《园冶》之《掇山》一节，认为"欲知堆土之奥妙，还拟理石
之精微。山林意味深求，花木情缘易逗。有真为假，做假成
真"，这个"山林意味"、"花木情缘"，就是叠石理水创造之
目的。假山之作，其实就是在尽"山林意味"，而不是以山去
模仿真山。若真愚拙到以假山仿真山，则是不通假山之真假
内蕴了。

　　明人王永积《锡山景物略》云："假山可为，假水不可为
也。竭人力为之，高原大阜，顿成江河。"这段讨论也可以帮
助我们认识假山存在的性质。假山可为，必须超越模仿真山

的意念方可为。

在假山创造中，要超越实存的世界，自然而然，虽垒假山，而不知是垒假山，假山即真山，人垒即天成。没有天人之别，尽是造化所裁。掇石不知山假，垒成未必不真。若垒假山，心中总有个真山之像，总有个需要模仿的对象，这样，假山创造就会为形所滞，难有玲珑活络之态。

四 开方便法门的假山

王世贞在为自己之弇山园所作记中说，"夫山河大地皆幻也，吾姑以幻语志吾幻而已。"他造此园，在大荒之西，弇山之北，乃一虚无空幻的乌有之乡。这个"幻"字，是领略中国假山妙蕴的重要进路。

明末郑元勋在扬州建影园，其《影园自记》中说："然则玄宰先生题以'影'者，安知非以梦幻示予，予亦恍然寻其谁昔之梦而已。夫世人争取其真而遗其幻，今以园与田宅较之，则园幻；以灌园与建功立名较之，则灌园幻……"[1]为此幻影之事，何为哉？郑元勋就自家园林之建，发为真幻之问，其实涉及园林叠山理水之根本命意。

这与童寯先生的"诳人"之说意思是一致的。童先生曾说："中国园林实际上正是一座诳人的花园。是一处真实的梦幻佳境，一个小的假想世界。"[2]

"假山"名称的确定，与佛教有关。唐诗中有大量相关的记载。如晚唐诗人郑谷好佛，与诗僧齐己为友。他有《七祖院小山》诗云："小巧功成雨藓斑，轩车日日扣松关。峨嵋咫尺无人去，却向僧窗看假山。"[3]

为什么峨眉山近在咫尺，不去攀登，僧人们日日流连于寺院之中，读经、禅悟，其中"却向僧窗看假山"，也成了禅门

[1] 郑元勋《影园自记》，引自陈植编《中国历代名园记选注》，安徽科技出版社，1983年。

[2] 引自作者《苏州园林》一文，见《园论》，百花文艺出版社，2006年。

[3] 《全唐诗》卷六百七十五。

①《台北故宫书画
图录》第三册著录。

②此图见《中国
古代书画图目》,京
2—126。

③《成都文类》
卷八引,中华书局,
2011年。

的功课。

似乎假山总是和佛教联系在一起。宋元以来与佛教相关的图像多有假山出现。波士顿美术馆所藏南宋周季常、林庭珪所作《五百罗汉图》,其中画中屏风中多有假山。如其中一幅应真观音图屏风,观音的后面为一屏风,屏风中画几竿竹卓立于假山之畔。宋人画十八罗汉像,今藏于台北"故宫博物院"①,其中第十四页有奇怪的假山兀立,第十六页画一尊者,后有芭蕉和假山。如元无款《谈经图轴》,画两禅师相对而坐,其中右侧禅师几乎是坐在假山之中②。

假山是虚幻不真的,但由此"幻"相,却可了觉真实世界的门户。一个"幻"字,却是唐代以来中国佛教尤其是禅宗看假山的重要观点。

在传统中国画中的假山,一方面作为庭院中的风景而存在,另一方面又作为空幻观念的图像呈现而存在。看仇英的《女乐图》,其中画面中央上有一女在弹箜篌,有数人静静倾听,画面具有这位画家一贯的安静优雅的气氛。而此中以石青石绿所染成的假山,呈虚空的片状,在一片花木之前,俨然似实还虚之物,有一种独特的"幻"意,或许是画家对假山之方便幻意的理解所致。

宋人何耕《假山》诗曾被传诵:"空庭幻出小嶙峋,假外应须别有真。只恐话头成两橛,若为融摄主和宾。"③假山不是真山,是被"幻"出的。

禅宗哲学有"即幻即真"的思路。禅家曹洞宗的良价曾提出"渠是咱,咱不是渠"的观点,此就实相和幻影之间的关系立论。良价参老师云岩昙晟,问老师:"和尚去世后,要是有人问起我:和尚的真容到底怎样,我该怎么回答呢?"云岩说:"你就说:就是他。"他听不懂老师的话。一日过河涉水,看到水中自己的影子,豁然开悟。作了一首偈语:"切忌

明 仇英 女乐图轴
绢本145.5×85.5厘米

宋　周季常　《五百罗汉
图》应身观音　绢本
111.5×53.1厘米
美国波士顿美术馆

从他觅，迢迢与我疏。我今独自往，处处得逢渠。渠今正是我，我今不是渠。应须恁么会，方得契如如。"他由此领会云岩师所说话的真意。影子（渠）由我（咱）照出，而我不是影子。良价在"返自观照"中，发现了自己的"真性"。

假山正如良价过河所看到的影子，一个虚幻不真的影子，也是由此观照真实的影子。

唐代诗僧齐己有《假山》诗，说他的假山始于一梦。诗有序说："假山者，盖怀匡庐有作也。往尝居东郭，因梦觉，遂图于壁，乞于十秋，而攒青叠碧于梦寐间，宛若扪萝挽树而升彼绝顶。今所作仿像一面，故不尽万壑千岩、神仙鬼怪之宅，聊得解怀，既而功就，乃激幽抱而作是诗，终于一百八十言尔。"

诗是这样描绘的：

> 匡庐久别离，积翠杳天涯。
> 静室曾图峭，幽庭复创奇。
> 典衣酬土价，择日运工时。
> 信手成重叠，随心作蔽亏。
> 根盘惊院窄，顶从讶檐卑。
> 镇地那言重，当轩未厌危。
> 巨灵何忍擘，秦政肯轻移。
> 晚觉莎烟触，寒闻竹籁吹。
> 蓝灰澄古色，泥水合凝滋。
> 引看僧来数，牵吟客散迟。
> 九华浑仿佛，五老颇参差。
> 蛛网藤萝挂，春霖瀑布垂。
> 加添双石笋，映带小莲池。……[1]

[1]《全唐诗》卷八百四十三。

诗中描写叠假山的过程。营造假山，如同营造一个梦境，一个使人达于"觉"的境界的幻象之地，由此了解世界真意。

我们说假山是假的，是一种幻相，那么外在真实的山，峨眉呀、泰岳呀、黄山呀等等，是不是就是真实的，在禅宗看来，具体的山同样是假的。

明代高僧憨山有诗说："长江水不浅，湖口山不深。云石多奇巧，疑生丹青心。予偕二三子，取次望春林。何异画图上，欢笑发空音。假山与真山，象始可相寻。"①作假山，与真山相对，在假山与真山之间，得"象始"——山的真性，一如庄子所说的"象罔"。

在憨山看来，假山是假，外在真正的山也是假的，它和假山一样，都是一个幻相，一个物的表象世界，都是"空音"。唯此"空音"可以开方便法门，使人即幻得真，舍筏登岸。僧人看假山，有无住无相之意。人目对作为幻相之真山假山，了了无痕，方是解脱法门。正所谓"欲悟色空为佛事，故栽芳树在僧家。细看便是华严偈，方便风开智慧花"（白居易《僧院花》）。

憨山《观北园假山》诗说："树高山矮世间希，抑树扶山痴上痴。高者自高矮者矮，就中亦自有天机。"②他由北园假山所看出的高者自高矮者矮的"天机"，就是禅宗所说的"空山无人，水流花开"的境界，假山与真山，乃至外在的一切都是幻象，破除幻象的执着，即可真性显露、天机自开。

宋人朱松《铅山僧斋假山》诗吟道："擘开华岳三峰秀，迭就层峰数石寒。等是世间儿戏事，道人莫作两般看。"③

等是世间儿戏事——假山乃至世上一切真山，都是"儿戏"，都不是真实的。但不是真实，却为何受到禅僧的重视？这涉及佛教所谓开方便法门的思想。

佛教中有个"止小儿啼"的故事。佛经上说，如来为度众

①《过石钟寺》，《紫柏老人集》卷十三。

②《紫柏老人集》卷十四。

③《韦斋集》卷五。

生，取方便言说，如婴儿啼哭时，父母给他一片黄叶，说是金子，小儿不哭了，其实黄叶并非真金，只是权便之说。假山其实就是止小儿啼的黄叶，黄叶实非真金，只是权便之说。它不是让人知假山之真，而是在强化假山之幻。

佛教将方便法门，称为假门。故人所造之山，称为假山。佛教认为，一切世相，都是因缘和合而生，都无实性，都是假名。如镜花水月，飘缈无痕。从人的不执着而言，假山虽得真山之相，但也为虚幻，是不真的，所以人的执着是无意义的，留恋于此景，则为法执，沉溺于内心，则为我执。假山者，开方便之门也。僧人好建假山，乃在于即幻即真。

前文所引苏轼为佛印禅师作《后怪石供》中，就谈到方便法门的问题，佛印禅师所说的"然供者，幻也；受者，亦幻也。刻其言者，亦幻也。夫幻何适而不可"，以应苏轼之"齐安小儿，江头数饼"的怪石为幻之说，所言之观念与假山之思想正相合。

米芾深通佛理，他的《僧舍假山》诗就充满了这即幻即真的灵想："玉峰高爱挽天碧，过眼云关无处觅。才将呀豁向疏窗，已见峰棱翻瘦脊。明月照出溪中水，清风扫遍岩边石。悬崖绝磴疑可揽，白雾苍烟俱咫尺。天阴未澈山阴寒，雨声欲绝泉声干。须知物理有真妄，岂识道眼无殊观。万象森严掌握内，大块俯仰芒毫间。抽身更洗清净足，探历幽深非所难。山僧作山真有以，诗人吟诗从此始。意教妙手发天悭，戏取神功当众美。君不见，浣花野老深结庐，白盐赤甲龙虎趋。清吟醉赏左右足，当时应笑秦鞭驱。"[1]

这位爱石高人，细细地打量假山，思考着假山与真山的区别，体会到"山僧作山真有以"的妙处。他感叹，山僧在寺院里建假山真有内在的因缘。然而这因缘何在？在米芾看来，就在它的"假"处、"幻"处。他说："须知物理有真妄，

① 《米芾集》（辜艳红点校），浙江人民美术出版社，2014年。

岂识道眼无殊观。"在一般人看来有假山和真山的区别,但以法眼观之,并没有差别。人们通过假山,开一方便法门,帮助人们认识世相中的一切,原来都是"幻",都是"影"。他说:"万象森严掌握内,大块俯仰毫芒间。"所谓掌握内、毫芒间,就是一心的体悟,在心灵的体悟中发现真实世界。

王安石玩味"假山"之名,有诗云:"态足万峰奇,功才一篑微。愚公谁助徙,灵鹫却愁飞。窦雪藏银镒,檐曦散玉辉。未应颓蚁壤,方此镇禅扉。物理有真伪,僧言无是非。但知名尽假,不必故山归。"[1]一切法相,都是假有,其性为空。假山之名,是假它而得名,本无名,名之者,借而已。故虽名而不名,所以说"但知名尽假"。

僧人好假山,在一定程度上借假山而抑制躁动、荡涤执着。宋代有一位禅僧《题假山石》诗云:"无用无知顽石头,天生奇巧世人求。算来世上无闲物,假使无情不自由。"[2]人们沉迷于假山,是为了解除人的执着,赢得透脱自在的彻悟。梅尧臣《寄题开元寺明上人院假山》:"石是青苔石,山非杳霭山。诸峰生镜里,小岭傍池间。雨不因云出,门疑为客关。何须费蜡屐,暂到此中闲。"[3]梅尧臣在假山中悟出了自由境界。

正因此,假山与芭蕉一样,后来成为佛教的法物。芭蕉的涵义上文已谈到。而假山,作为法物,所表达的思想与芭蕉相近。芭蕉在佛经中已有记载(如《维摩诘经》中有"身如芭蕉"),而假山在佛经中并无表现,它是中土所发展起来的,它作为佛教的法物,就是以幻而示现真实。

其实,假山的以幻境入门来观照真实,是中国艺术的重要途径。在绘画中,清代画家戴熙说得好:

佛家修净土,以妄想入门;画家亦修净土,以幻境入门。[4]

①《次韵留题僧假山》,《王荆公诗注》卷二十三,《文渊阁四库全书》本。

②宋释净端《题假山石》,明曹学佺编《石仓历代诗选》卷二百二十七,《文渊阁四库全书》本。

③《宛陵集》卷三十六,《四部丛刊》本。

④《习苦斋画絮》卷四。

宋　刘松年　罗汉图　台北"故宫博物院"

　　这个"以幻境入门"，为画道一大因缘，也是中国艺术的一大关键。它反映了中国艺术独特的思想，这一思想至今仍然有价值。它并非我们今天所说的幻觉，幻觉主要指人的感觉器出现的虚假感觉，是一种心理现象，而传统哲学和艺术论中的"幻"则是一个有关存在是否真实的问题。

　　假山，就是说一个"幻的真实"的故事。我甚至怀疑，如果没有这种独特的幻的哲学，中国是不是会发展出这样历久而不衰的假山艺术，都很难说。

　　方便风开智慧花，乐天此句诗，可以说是了解中国假山之妙的关键。

第五章　文人园林中的假山

假山作为园林的重要组成部分，随着园林营建风气的变化而发生变化。这其中影响最大的就是文人园林兴起的问题。其实，假山成为园林中的关键性要素，正是在文人园林兴盛的背景中产生的。

一　文人园林的概念

中国园林发展在唐代就出现"文人园林"的萌芽，"文人园林"的风气到明代中期而大盛，成为中国园林的主流形态。我们今天所说的明清江南园林遗迹（或近几十年来复建），在一定程度上可以称为"文人园林"。这些大都处于江南地区（也包括长江沿岸的扬州园林）的私家园林，有一些共同特点，就是体量一般不大，山林野逸气氛比较浓厚。即使像北京的皇家园林（如颐和园），其中也有大量地仿照江南园林的形制，在某些方面体现出"文人园林"的特征。

所谓文人园林，并非指具有较高文化水准的文人士大夫所创造的园林，"文人"非指身份，而是指一种与重技术、重体量、重外在气势的园林相对的一种园林范式。它重视诗意境界的创造，而不是外在的形式铺排；重视心灵的体验，而不是外在技术性的追求。这类园林以自然天工为追求目标，反对所谓"匠气"、"行货"；这类园林重视人的思想、智慧的表达，而不追求金碧辉煌，反对那种铺金列银、罗列天下奇珍的创造方式（如宋代宋徽宗艮岳）；这类园林是山林之士的咏叹，是野逸之人陶养情性的地方，它是"山林"的，而不是"庙堂"的。

世界上的园林主要有两种功能，一是实用功能，所有园林都是为了人居住的；二是它的审美功能，园林是按照美的方式创造的。但相比这些园林来说，中国文人园林，又在以上两种功能之外，有安顿人心的功能。文人园林是为人的心灵而创造，一片山水就是一片心灵的境界。

宋代大画家郭熙论山水画说："山水有可行者，有可望者，有可游者，有可居者。"观赏山水，可行可望，不如可居可游。中国园林也是如此，它不光建起来为了住的，也不是为了看的，更是为一己陶胸次，为自己的心灵建造一个宅宇。这就像陶渊明诗中所说的："众鸟欣有托，吾亦爱吾庐。"园林是心灵之"托"。

唐代中期以后，文人园林的观念就已渐渐显现。白居易说："天供闲日月，人借好园林。"创造园林，是为自己心灵创造一个好空间。白居易对小园的重视，说明他理解的园林已经不是那种竞奇斗富的大制作。他说：

> 闲意不在远，小亭方丈间。
> 西檐竹梢上，坐见太白山。（《病假中南亭闲望》）

> 帘下开小池，盈盈水方积。
> 中底铺白沙，四隅甃青石。

勿言不深广，但取幽人适。

泛滟微雨朝，泓澄明月夕。

岂无大江水，波浪连天白。

未如床席前，方丈深盈尺。（《官舍内新凿小池》）

不斗门馆华，不斗林园大。

但斗为主人，一坐十余载。

……

何如小园主，拄杖闲即来。

亲宾有时会，琴酒连夜开。

以此聊自足，不羡大池台。 （《自题小园》）

白居易当然不是对小园情有独钟，这里涉及他对园林存在价值的理解，是向外"炫"的工具，还是内在心灵体验的空间，他当然选择后者。后者正是文人园林的核心意旨。

北宋时期，文人园林获得一定程度的发展，在《洛阳名园记》中所记录的诸多园林以及其中所透露的思想，反映出文人园林的观念在此时有一定的深入。米芾是文人园林的极力推阐者。他所作研山园，就以文人的雅趣作为重要的追求。宋冯多福《研山园记》说：

> 夫举世所宝，不必私为己有，寓意于物，固以适意为悦。且南宫研山所藏，而归之苏氏，奇宝在天地间，固非我所得私。以一拳石之多，而易数亩之园，其细大若不侔，然己大而物小，泰山之重，可使轻于鸿毛，齐万物于一指，则晤言一室之内，仰观宇宙之大，其致一也。[1]

① 文录自陈植《中国历代名园记选注》，合肥：安徽科学技术出版社，1983年。

宋人已经认识到，园林创造重要的不是流连于物，而是应会于心。

　　唐宋绘画中有个"十八学士图"母题，一如"西园雅集图"母题，由一个特定的文人聚会之事来表达士人的精神风流。"十八学士"之名称来自于李世民与诸文士相与优游之事。据《资治通鉴·唐纪五》记载："世民以海内浸平，乃开馆于宫西，延四方文学之士，出教以王府属杜如晦、记室房玄龄、虞世南、文学褚亮、姚思廉、主簿李玄道、参军蔡允恭、薛元敬、颜相时、咨议典签苏勖、天策府从事中郎于志宁、军咨祭酒苏世长、记室薛收、仓曹李守素、国子助教陆德明、孔颖达、信都盖文达、宋州总管府户曹许敬宗，并以本官兼文学馆学士，分为三番，更日直宿，供给珍膳，恩礼优厚。世民朝谒公事之暇，辄至馆中，引诸学士讨论文籍，或夜分乃寝。又使库直阎立本图像，褚亮为赞，号十八学士。士大夫得预其选者，时人谓之'登瀛洲'。"

　　唐人十八学士图今不传，而宋徽宗所作十八学士图至明初尚有见，但今也不传。今北京故宫博物院所藏《十八学士图卷》是南宋初年的作品，后款署为刘松年所作。有"暗门刘"之号的刘松年（约1155—1218），是南渡之后的重要画家，这幅作品绝非平庸之手所可为，山水布置停当，而人物的刻画描写非高手莫办，的为刘松年之作。据卷后明初画家刘珏（完庵）的题跋说："《十八学士图卷》，余尝见宋徽宗画本，此卷为刘松年所作，较徽庙本绝不相类，无一毫宋人工致、元人懒弱习气，而人物位置曲尽其态，信是抗鼎笔也。"

　　在刘松年的《十八学士图卷》中已经可清晰见出后来文人园林的诸种元素，文人园林重视造境的特点于此也有所体现。此数米长卷所画为宫廷中事，但究竟于文人生活有关。所以讨论经籍、流连风谣、作书作画，进而饮酒为乐、援琴为赏，成为画中描绘之要事。风格轻松而富有雅韵，节奏明快

宋　刘松年　十八学士图卷　北京故宫博物院

而稍染富丽，文士和歌女、侍者等——眉目有神，更为此风雅事添一番神韵，最可赏者乃是此中宫殿建筑、亭台楼阁的描绘，室内几案供桌等历历可辨，其上有香花异卉、古器珍玩，园内多置假山，巨大的芭蕉树掩映，为此文人风流创造一个良好的气氛。湖石假山已然成为宋园的重要元素，也是映照土人风流的不可或缺之物。

中国园林营建发展到明代中期有质的飞跃，主要体现就是此期文人园林已然成为园林建设的主流形态，园林创造中的文人意识成为一种指导性观念。此期苏州、扬州、杭州等地园林发展可以说是文人园林的实践。

明末计成在《园冶》中说："韵人纵目，云客宅心。"这句话可以作为明代以来文人园林的纲领。园林是文人心灵中的宇宙，小小的园林，是拓展心灵、浩然与宇宙同归的地方。

此期文人园林中的建筑，花草的布置，假山的设立，都不是纯然的外在设置，都是为人心而设的。所谓"清风明月本无价，近水远山皆有情"、"爽借清风明借月，动观流水静观山"，园林艺术家所关心的不是外在的风物，而是人心。

大园可贵，小筑允宜，一山一水，一石一木，在艺术家的精神构造中，都伸展了人们的性灵。如我们看留园的花步小筑，虽然是一个小空间，但也别具风味。那沧浪亭，不过是一个简单的构置，但它要囊括八面来风、注满了亲和世界的情怀。

明末大艺术家祁彪佳有寓园，取"寓意于山林"之意。他在《寓山注》序言中说："顾独予家旁小山，若有夙缘者，其名曰'寓'。"园不在大，亭不在多，几片石，数朵梅，一湾溪水，几簇竹林，就自成景观。都是心灵之"寓"，都是心灵的天然之居。园中的一山一水，都是他心灵的符号。

如寓园中有一景"归云寄"，《寓山注》是这样"注解"的："客游之兴方酣，有欲登八角楼者，必由斯'寄'，盖以楼

苏州沧浪亭假山

为廊，上下皆可通游屧也。对面松风满壑，如卧惊涛乱瀑中，一派浓荫，倒影入池，流向曲廊下，犹能作十丈寒碧。予园有佳石，名冷云，恐其无心出岫，负主人烟霞之趣，故于寄焉归之。然究之，归亦是寄耳。"这正是"云客寄心"的思路。

与唐宋以来中国艺术的发展相应和，文人园林的根本是境界的创造。计成《园冶》中说，园林精在体宜，这个"宜"，就是境界。"园说"一段论建园之大要说：

> 凡结林园，无分村郭。地偏为胜，开林择剪蓬蒿；景到随机，在涧共修兰芷。径缘三益，业拟千秋，围墙隐约于萝间，架屋蜿蜒于木末。山楼凭远，纵目皆然；竹坞寻幽，醉心即是。轩楹高爽，窗户虚邻；纳千顷之汪洋，收四时之烂漫。梧阴匝地，槐阴当庭；插柳沿堤，栽梅绕屋；结茅竹里，浚一派之长源；障锦山屏，列千寻之耸翠。

> 虽由人作，宛自天开。刹宇隐环窗，仿佛片图小李；岩峦堆劈石，参差半壁大痴。萧寺可以卜邻，梵音到耳；远峰偏宜借景，秀色堪餐。紫气青霞，鹤声送来枕上；白萍红蓼，鸥盟同结矶边。看山上个篮舆，问水拖条枋杖；斜飞堞雉，横跨长虹，不羡摩诘辋川，何数季伦金谷。一湾仅于消夏，百亩岂为藏春；养鹿堪游，种鱼可捕。凉亭浮白，冰调竹树风生；暖阁偎红，雪煮炉铛涛沸。渴吻消尽，烦顿开除。夜雨芭蕉，似杂鲛人之泣泪；晓风杨柳，若翻蛮女之纤腰。移竹当窗，分梨为院；溶溶月色，瑟瑟风声；静扰一榻琴书，动涵半轮秋水。清气觉来几席，凡尘顿远襟怀；窗牖无拘，随宜合用；栏杆信画，因境而成。制式新番，裁除旧套；大观不足，小筑允宜。

这里句句在说物，但句句所说皆非物，所谓纵于目，醉于心，纳千顷之汪洋，收四时之烂漫，都在人的心灵中完成。所谓移竹当窗，分梨为院；溶溶月色，瑟瑟风声，都在人静心体验，都是为人的心灵创造一片世界。

中国园林的假山，可以说是文人园林境界呈现的卓越语言。没有假山的园林，算不上真正的文人园林。假山的发展，深受文人园林进程的影响。而假山制作的精致化、多样化，赋予文人园林更丰富的语言表达能力。

扬州个园的"个"，是一枝竹的意思。这一枝竹的世界却是绚烂的世界。这个19世纪末期所建的园林假山，颇能体现出文人园林假山的特点。此园有四季假山，春山多石笋，夏山以太湖石叠起，秋山是质感非常好的黄石，以尽秋的萧瑟和最后的绚烂，而冬山用的是略显灰白的宣石，以显雪落荒原之象。

清刘凤浩嘉庆戊寅所作之《个园记》云："堂皇翼翼，曲廊邃宇。周以虚栏，敞以层楼。叠石为小山，通泉为平地。绿萝袅烟而依回，嘉树翳晴而蓊匌，闿爽深靓，各极其致。"由

个园　枯石中的葱翠

此可以想见当时之风致。

《园冶》的"收四时之烂漫",就是含纳生命。他所说的"构园无格,借景有因。切要四时,何关八宅",也论及四时在园林建设中的作用,就是表达生命的流动性,在时间的流淌中展示生生变化。

四季假山本着艺道沿时的观念,以山石堆出四时不同的节令感觉,追寻在时间中流淌的生命秩序。画法上有这样的说法:"春山澹冶而如笑,夏山苍翠而如滴。秋山明净而如妆,冬山惨淡而如睡。""春山烟云绵联,人欣欣;夏山嘉木繁阴,人坦坦;秋山明净摇落,人肃肃;冬山昏霾翳寒,人寂寂。"①个园的假山不是乱堆怪石,而是模拟宇宙的运转,说艺道沿时的大道理。

正像这里的一个牌匾"壶天自春"所显示的,这里的天地不大,但所表现人的胸宇却是大的。站在个园四季假山前,从水中的影,岸边的花,假山,假山背后的屋宇,再上去蓝天,一层一层推开去,心意随之而展开,再展开,心意如涟漪荡开。吐胸中之惠气,收天地之精华。观园可使月到风来,可使云荡花开。这吐纳之术,如同好的戏文让人一唱三叹。

计成《园冶》之《掇山》一节谈假山的制造:

> 掇山之始,桩木为先,较其长短,察乎虚实。随势挖其麻柱,谅高挂以称竿,绳索坚牢,扛抬稳重。立根铺以粗石,大块满盖桩头,堑里扫以查灰,着潮尽钻山骨。方堆顽夯而起,渐以皴文而加;瘦漏生奇,玲珑安巧。峭壁贵于直立,悬崖使其后坚。岩、峦、洞、穴之莫穷,涧、壑、坡、矶之俨是。信足疑无别境,举头自有深情。蹊径盘且长,峰峦秀而古。多方景胜,咫尺山林。妙在得乎一人,雅从兼于半土。假如一块中竖而为主石,两条傍插而呼劈峰。独立

苏州沧浪亭对联（上）

苏州沧浪亭对联（下）

苏州留园花步小筑

苏州拙政园小飞虹

扬州个园　壶天自春

鄞

端严，次相辅弼。势如排列，状若趋承。主石虽忌于居中，宜中者也可；劈峰总较于不用，岂用乎断然。排如炉烛花瓶，列似刀山剑树；峰虚五老，池凿四方；下洞上台，东亭西榭。罅堪窥管中之豹，路类张孩戏之猫。小藉金鱼之缸，大若鄞都之境；时宜得致，古式何裁？深意画图，余情丘壑；未山先麓，自然地势之嶙嶒；构土成冈，不在石形之巧拙；宜台宜榭，邀月招云；成径成蹊，寻花问柳。临池驳以石块，粗夯用之有方；结岭挑之土堆，高低观之多致；欲知堆土之奥妙，还拟理石之精微。山林意味深求，花木情缘易逗。有真为假，做假成真；稍动天机，全叨人力；探奇投

扬州个园 死寂中的活力

好, 同志须知。

　　他说假山的堆积是"有真为假, 做假成真", 重在天趣,
所谓天机自动, 而不露人工痕迹。不求体量巨大, 而求山林
意识。所以假山之作, "妙在得乎一人, 雅从兼于半土"。得
乎一人, 强调设计者的用心, 所谓七分设计, 三分堆积, 没有
好的思路, 胡乱堆积, 终是乱柴。雅从半土, 是说掇山并非竞
奇斗胜, 平冈小坡, 半土半石, 亦能自成妙境。堆土之奥秘和
理石之精微是相连在一起的。所谓"构土成冈, 不在石形之
巧拙", 只求诗意和画意, 不求名贵与奇珍。

　　这段假山之论, 表面上似乎是技术性的安排, 但点滴都在境界的创造，这是文人园林的当家气派。作者是一位画家兼诗人，他要将画境诗心融进假山创造中，突出假山创造的"园形、诗心、画意"三位一体的思想。"仿佛片图小李"，"参差半壁大痴"等论述，就反映了他这方面的思想。

宋之前的园林，花草占有重要位置，可称"花园"。而明代中期以来的文人园林，在"山林意味"和"花木情缘"二者之间，更注重"山林意味"，花草是树石的陪衬，而不是主体。虽然他们不像宋之前园林营建需要大量的石头累积，但石的地位丝毫没有因为用量的减少而降低。以土戴石、石兼半土，非为靡费之考虑，而因境界创造之故也。

文人假山的妙处在内而不在外，它是人心灵的宇宙。所谓"大观不足，小筑允宜"，"片石斗山"中也有峥嵘奇崛。

扬州何园之亭窗

计成《园冶》中所言:"片山多致"、"寸石生情"、"曲曲一湾柳月"、"遥遥十里荷风",等等,都是要在不大的假山制作中,通天尽地,在一溪绿水中涵无边秋意。在一拳石、一勺水中极尽大千意味。《园冶》将文人园林思想贯穿在掇山理论中,有深刻的理论发明。

二 假山的南北风

董其昌等的南北宗说对中国画的看法并非都很客观,但他以南北宗来划分中国画的传统,的确抓住了一些关键问题。他说:

> 禅家有南北二宗,唐时始分,画之南北二宗亦唐时分也,但其人非南北耳。北宗则李思训父子着色山水,流传而为宋之赵幹、赵伯驹、赵伯骕以至马、夏辈。南宗则王摩诘始用渲淡,一变勾研之法,其传为张璪、荆、关、郭忠恕、董、巨、米家父子,以至元之四大家,亦如六祖之后有马驹、云门、临济儿孙之盛,而北宗微矣。①

① 《画禅室随笔》卷二。

在他看来,南宗画重妙悟,重神似,风格上柔美内敛,体现出独立纵肆的文人意识;北宗绘画重形似,重功力,风格上刚硬外露,体现出重视工巧的艺术特点。南宗画有"化工"之妙,北宗画有"画工"之嫌;南宗画是"利家"之为,是性灵的创造,北宗画是"行家"之为,有匠气,落于形式藩篱。

中国叠石艺术深受绘画理论影响,叠山理水的园林,就是立体的画。前文曾谈到的《园冶》中所说:"刹宇隐环窗,仿佛片图小李;岩峦堆劈石,参差半壁大痴。"以小李(唐青绿山水画家李昭道）、大痴（元黄公望）指代中国的山水画传统。中国的叠石名家多为画家，如张南垣、计成都是山水画家，像石涛还是举世闻名的大画家。所谓"张南垣以画法垒石，见者疑为神工"①，类似这样的情况非常普遍。

这与西方传统园林的发展有很大差异，西方园林的设计者，多为建筑家，而中国园林尤其是文人园林的设计者多为画家。这是决定中西园林差异的根本性因素，因为设计者的思想是园林面貌的决定者。

董其昌等的绘画南北分宗情况，在叠石艺术中也有存在。若粗言之，中国叠石艺术在历史发展中，存在着两种不同的审美风尚，套用董其昌等的说法，也存在着南北分野的状况。一重形似，追求对真山的模仿，追求大体量的创造；一重神似，强调"会心处不必在远"，重视天趣，而不是模仿。元代之前中国叠石艺术大率以重视奇石、模仿真山为主流，元明以来，叠石风气丕变，又以境界创造为根本，山不求大，石不求奇，土与石兼融，随意点缀，但得活意。

这里选取南宋造园名家俞子清和晚明叠石高手张南垣为例，对这两种不同的风格略加剖析。

俞澄，字子清，号且轩，吴兴（今属浙江湖州）人，光宗朝（1190—1194）曾官大理少卿，善画，多作竹石，颇受文同影响，其作品至元犹存世。俞琰《林屋山人漫稿》题其山水图云："子清翁山水自是一等家数，既经子昂品题，则夜光之璧，不复为荆山石矣。"

他是当时著名的叠石高手。周密《吴兴园林记》说子清"晚年有园池之乐"，自为俞氏园，"假山之奇，甲于天下"。周密在《癸辛杂识》前集中又说：

然余平生所见秀拔有趣者，皆莫如俞子清侍郎家为奇

浙江 宁波月湖假山

扬州个园四季假山

绝。盖子清胸中自有丘壑，又善画，故能出心匠之巧。峰之大小凡百余，高者至二三丈，皆不事恒钉，而犀株玉树，森列旁午，俨如群玉之圃，奇奇怪怪，不可名状……乃于众峰之间，萦以曲涧，甃以五色小石，旁引清流，激石高下，使之有声，淙淙然下注大石潭。上荫巨竹、寿藤，苍寒茂密，不见天日。旁植名药、奇草、薜荔、女萝、菟丝，花红叶碧。潭旁横石作杠，下为石渠，潭水溢自此出焉。潭中多文龟、斑鱼，夜月下照，光景零乱，如穷山绝谷间也。

子清叠石，讲究出人意表，怪怪奇奇。更讲究气势，群峰连绵，高至数丈，虽说不是真山，真山之形势于此出焉。又好名石，珍奇的太湖石是他的首选。他的作品，反映了五代北宋以来全景式山水画的特点，重外形，重气势。

而晚明张南垣的叠石风格与此迥然不同。张涟（1587—约1671），字南垣，松江华亭人，他是中国历史上最负盛名的造园家。南垣的密友、时文坛巨宿吴梅村作《张南垣传》，记载了南垣的一段话，这段话是针对当时的造园家追求大制作的奢靡之风而发的：

南垣过而笑曰："是岂知为山者耶？今夫群峰造天，深岩蔽日，此夫造物神灵之所为，非人力所得而致也。况其地辄跨数百里，而吾以盈丈之址、五尺之沟尤而效之，何异市人抟土以欺儿童哉！惟夫平冈小坂，陵阜陂阤，版筑之功可计日以就，然后错之以石棋置其间，缭以短垣，翳以密筱，若似乎奇峰绝嶂，累累乎墙外，而人或见之也。其石脉之所奔注，伏而起，突而怒，为狮蹲，为兽攫，口鼻含呀，牙错距跃，决林莽，犯轩楹而不去，若似乎处大山之麓，截溪断谷，私此数石者为吾有也。方塘石洫，易以曲岸回沙；邃闼雕楹，改为青扉白屋；树取其不雕者，松杉桧栝，杂植成林；石取其易致者，太湖尧峰，随意布置，有林泉之美，无登顿之劳，不亦可乎！"[1]

南垣叠石重"脉"，董其昌对南垣叠石的评价是："江南诸山，土中戴石，黄一峰、吴仲圭常言之，此知夫画脉者也。"[2]在董其昌看来，张南垣是以画法、画脉在叠石理水。他造园中的一脉流动，实是气象使之然也，是内在的气脉贯通，是一种人与自然切合的节奏。

南垣由山林的外在形势描摹深入到内在的气脉韵律之中，这是南垣之一变。后来沈复在《浮生六记》中赞扬州瘦西湖园林群时说："虽全是人工，而奇思幻想，点缀天际……其妙处在合十余家园亭合而为一，联络至山，气氛俱贯。"说的也是"气脉"。中国人认为，天下万物，都由气化而生，天底下的一切，乃至一木一石，无不有生气贯乎其间。宇宙在气化氤氲中生机勃勃、彼摄互荡。张南垣的叠石变法，抓住了中国哲学这一精神。

张南垣提倡"土中戴石"的叠石方法，反对烦琐的叠床架屋式的叠山技巧。康熙《嘉兴县志》卷七说："旧以高架叠缀为工，不喜见土。涟一变旧模，穿深覆冈，因形布置，土石相间，颇得真趣。"南垣认为聚危石、架洞壑、带以飞梁、蠹以高峰、假山雪洞等等方式，都只是模仿山之形，而不得宇宙之真气，没有表现出内在的气脉。他在具体的叠石方法上，重神而不重形，所以他的制作更加简约。有人赠其诗云："终年累石如愚叟，倏忽移山是化人。"[3]他效法自然，是"化"而行之，而不是"画"而仿之，是"化工"，而不是"画工"。

张南垣的另一变法，是对境界创造的强调。他将境界的

[1]《梅村家藏稿》卷五十二，《四部丛刊》本。

[2]引见吴伟业撰《张南垣传》，张潮《虞初新志》卷六录此文。

[3]据阮葵生《茶余客话》卷八引。

苏州留园　假山

苏州狮子林假山群

创造作为园林营建之本，呼应着文人画创造的法式。

前人评南垣之法云，"以意垒石为假山"[①]。以"意"为主宰是张南垣园林的重要特色，他将写意假山的尝试更加系统化。叠石艺术是为心的，形只是表心的语言。叠石者要做一个"有窍之人"，以心灵指挥如意，天花自落[②]。

造园者不仅要有"巧"，更要有"窍"。"巧"是技术的，是形式的工巧；而"窍"是灵心出窍，是心灵的门大开。造园者，要做"有窍之人"。叠石的根本目的，是为了安顿这个"窍"，所谓"会心处不必在远"。

吴梅村描绘南垣造园时的情景说："尝高坐一室，与客谈笑，呼役夫曰：某树下某石可置某处。目不转视，手不再指，若金在冶，不假斧凿。"随意点染间，都可以见出他的灵心独运。吴传还说："人有学其术者，以为曲折变化，此君生平之所长，尽其心力以求仿佛，初见或似，久观辄非。"所失者正因缺这个"窍"。

文人园林叫做"天然图画"。中国园林就是图画，园林设计家多是画家；它虽然是人设计的，但似乎又是天然的。是大自然的图画。园林是自然的微缩化。当然园林效法自然，并非是模仿自然之形，而是要得自然之趣，体现出自然的内在节奏。寂寂小亭，闲闲花草，曲曲细径，溶溶绿水，水中有红鱼三四尾，悠然自得，远处有烟霭腾挪，若静若动……自然之趣昂然映现其间，使人得到美的享受。

宋之前的园林也强调效法自然、夺天工之巧，这与明代中期以来文人园林的虽由人作、宛自天开的观念并无根本区别；唐宋时期大量的文人兴建园林，卢鸿的嵩山别业、王维的辋川别业等，但此时的园林有强烈的纯自然的风味，他们营建园林，主要是利用自然形胜；他们隐居园林之中，主要是为了欣赏自然风物。他们有关园林的描写，也多是与自然

① 阮葵生《茶余客话》卷八。

② 有一个关于"太无窍"的传说流传广远。钱泳《履园丛话》记载："吴梅村祭酒既仕，本朝有张南垣者，以善叠假山游于公卿间，人颇礼遇之。一日到娄东，太原王氏设宴招祭酒，张亦在坐。因演剧，祭酒点《烂柯山》，盖此一出中有张石匠，欲以相戏耳！梨园人以张故，每唱至'张石匠'辄讳'张'为'李'，祭酒笑曰：'此伶甚有趣。'后演至张必果寄书，有云：'姓朱的，有甚亏负你。'南垣拍案大呼曰：'此伶太无窍矣。'祭酒为之逃席。"计成在《园冶》"兴造论"中也幽他一默："古公输巧，陆云精艺，其人岂执斧斤者哉？若匠惟雕镂是巧，排架是精，一梁一柱，定不可移，俗以'无窍之人'呼之。"计成这个说法可能就与张南垣有关。

苏州留园岫云峰   苏州狮子林入胜

形胜的描写相融合。

这与明代中期以来的"文人园林"是有明显区别的。此期的"文人园林",非"文人"所建之"园林",而是体现出"士夫气"、"文人意识"的园林。此时的园林在自然与人工二者之间,更重视人工的创造,只不过强调人工创造要不露痕迹。此时园林中的景色,不是一般的欣赏对象,我们为了观照的"物的世界",而是"云客宅心,韵人纵目"之具,园林景观是人融于其中的"相关物",是人与世界共成一天的联系者。

正是在这样的大背景下,我们可以看张南垣与俞子清两种叠石方式的区别。

从总体风格上说,子清叠石以险峻奇特为特色,南垣叠石则以冲和淡雅为趣尚。

从具体表现上说,子清叠石重视形式的模仿,力求在有限的空间中,模仿真山之态度;而南垣的叠石取神而不取形,不必模仿真山,而力求展示山林气象的内在气脉。

从功能上看,子清之作重写实,追求不出户庭而观山水之象的效果;南垣之作重境界,闲闲小景,寂寂园色,聊慰心灵。

在构图上,子清叠石有数丈之高,峰峦连绵,如画中高远之作;南垣假山土中带石,平冈小坡,逶迤跌宕,如画之平远山水。清人赵翼说:"古来构园林者,多垒石为嵌空险峭之势。自崇祯时有张南垣,创意为假山,以营丘、北苑、大痴、黄鹤画法为之,峰壑湍濑,曲折平远,巧夺化工。南垣死,其子然号陶庵者继之,今京师瀛台、玉泉、畅春苑皆其所布置也。杨惠之变画而为塑,此更变为平远山水,尤奇矣。"[①]他对南垣一门叠石的平远风格把握至为允当。

① 《檐曝杂记》卷五。

子清和南垣的叠石方式代表着中国叠石艺术史上两种不同的传统。元代之前,中国园林叠石艺术以子清的风格为主流。园林叠石艺术唐时已盛，北宋时蔚为风尚，其大盛则在徽宗一朝。徽宗好石，沉迷于假山之中，其艮岳乃旷世之作，一如秦始皇集天下兵器于咸阳，而他是集天下美石于艮岳，几乎天下好的太湖石、灵璧石都被其搜罗殆尽。周密《癸辛杂识》云："前世垒石为山，未见显著者，至宣和艮岳，始兴大役，连舻辇至，不遗余力。"艮岳之作，大峰特秀，园中有"神运"、"昭功"、"敷文"、"万寿"名峰，高有数丈。真可谓高比云天，甚至叠石至于九十尺，人称"艮岳排空"。园中山峦起伏，绵延十余里。其中叠石名作，不计其数。真所谓"凡天下之美，古今之胜在焉"。

张淏《艮岳记》引祖秀《华阳宫记》曰："政和初，天子命作寿山艮岳于禁城之东陬，诏阉人董其役。舟以载石，舆以辇土，驱散军万人，筑冈阜，高十余仞。增以太湖灵璧之石，雄拔峭峙，功夺天造。石皆激怒抵触，若蹲若啮，牙角口鼻，首尾爪距，千态万状，殚奇尽怪。"[①]艮岳之作，极尽天下"巨丽"之美，是"不有宏丽，岂见君威"观念的体现。其运石之劳顿，堆山之冗赘，实是劳民伤财，费力多而无功。它将中国早期叠石重气势工巧的传统推到了极致。这一传统影响了南宋以来的叠石艺术，虽然也有从境界创造、表达心灵方面去考虑，尤其在一些私家园林中，随意萧散的叠石之作间有佳构，但从总体趋势上并未脱重形势、重奇丽的风尚。

从周密的《吴兴园林记》中就可看出当时流行奢丽的风习。周密记载其时南方园林之习："盖吴兴北连洞庭，多产花石，而卞山所出，类亦奇秀，故四方之为山者，皆于此中取之。浙右假山最大者，莫如卫清叔吴中之园，一山连亘二十亩，位置四十余亭，其大可知矣。"虽然是私家园林，但也多为大制作。

元人承两宋之传统，虽略有所变，但其叠石艺术仍重

① 《艮岳记》，据《古今说海》本。

苏州狮子林　假山的堵塞感

气势。今苏州狮子林即为元人之旧制，后人虽有修改，但基本面貌未变，这是典型的山峦重叠之作，给人以身在万山之中的感觉。其中洞穴就有二十一个，是张南垣批评的"钻蚁洞"式的创作。其中假山之作虽有佳构，但从整体上看，却显得壅塞，灵气不够。这样的作品在清代以后也间有其作，今见故宫后花园的堆山，攒积了大量珍奇的石头，堆积起来，虽有山形，缺少诗意，是故宫中的败笔。

　　明代中期以来，园艺界出现了对传统叠石风气反思的潮流。谢肇淛论园，极力反对这种高峰大园式的创造，痛斥这种逐于声利、排比巨石阵的叠石方法。他说："唐裴晋公湖园，宏邃胜概，甲于天下。司马温公独乐园卑小，不过十数椽，然当其功成名遂，快然自适。则晋公未始有余，而温公未始不足也。"①园不在大，而在惬于心；石不在奇，而在会于意。叠石之妙，不在逞奇斗艳，而在内心之适意。

① 《五杂俎》上，卷三地部一。

苏州留园　多层次的空间

漏窗石影

明末莫是龙说："予最不喜叠石为山，纵令迂回奇峻，极人工之巧，终失天然。不若疏林秀石间置盘石缀土阜一切，登眺徜徉，故自佳耳。"（《笔麈》）清袁枚也说："以培塿拟假山，人人知其不伦。"（《随园诗话》）石涛的朋友，清初诗人先著评园林之作云："为园不在丽，旷望心超然。更筑数仞台，坐欲收江山。"[1]"巨丽"已经不入明清文人园林欣赏者之眼了。

也就是说，明清时人们对流于形式的假山之作已非常反感。沈复甚至对狮子林提出尖锐的批评："城中最著名之狮子林，虽曰云林手笔，且石质玲珑，中多古木，然以大势观之，竟同乱堆煤渣，积以苔藓，穿以蚁穴，全无山林气势。"（《浮生六记》）

张南垣作为中国叠石艺术的划时代人物，正是在这种反思的潮流中出现的艺术大师，他颠覆了原有的高峰大岭式的创造方式，将元以来就出现的写意园林推向了高潮。张南垣的道路，是一种简易的道路，诗意的道路，所谓"方塘石洫，易以曲岸回沙；邃阁雕楹，改为青扉白屋；树取其不凋者，石取其易致者，无地无材，随取随足"，这曲沙回岸，青扉白屋，浅淡优雅，诗情绰绰，自有风致。它代表了一种新的艺术潮流。

与南垣大致同时代的计成、李渔、文震亨等都是这一新的叠石潮流的推宕者。计成比南垣大五岁，但从事园林之业比南垣为后。郑元勋说，计成作园，"从心不从法"，不是他没有法，《园冶》一篇都是在讲法，但他不为法度所拘，要在法随心转，不是心为法执[2]。计成讲叠石之法，就是心灵融汇之法。他说自己叠石，是"依皴合掇"，堆石如画山，叠山如作画，将画意、诗意和境界联系在一起。计成与南垣一样，都提倡以土戴石之法，他说："妙在得乎一人，雅从兼于半土"，

[1]《之溪老生集》卷三。

[2] 郑元勋（1598—1644），有影园，乃扬州著名园林。此为他在明崇祯辛亥年为计成《园冶》所作的序言语。

"开土堆山，沿池驳岸"。

文震亨说："石令人古，水令人远。园林水石，最不可无。要须回环峭拔，安插得宜。一峰则太华千寻，一勺则江湖万里。又须修竹、老木、怪藤、丑树，交覆角立，苍崖碧涧，奔泉汛流，如入深崖绝壑之中，乃为名区胜地。"[①]这已经是典型的文人园林的论述了。《长物志》虽泛论文人所历诸物，于园林一道着笔不多，但仍可看出，其思想已经深深地浸染着明代中期以来吴门文人艺术的风气，他的园林观念时有深邃之见。

①《长物志》卷三《水石》。

而李渔虽不是造园家，却深通造园之理。他认为，观园可见主人之趣尚、境界之高低，"有费累万金钱，而使山不成山、石不成石者，亦是造物鬼神作祟，为之摹神写像，以肖其为人也。一花一石，位置得宜，主人神情已见乎此矣，奚俟察言观貌，而后识别其人哉"[②]。一花一石，位置得宜，即有高致，重峦叠岭，未从心造，必无动人之处，徒然辜负了一片石情。他说："山之小者易工，大者难好。予遨游一生，遍览名园，从未见有盈亩累丈之山，能无补缀穿凿之痕，遥望与真山无异者。"这真是悟道者之论。

②《闲情偶寄》卷九《居室部》。

假山之营建，并非为了在园中建石山，而是满足人们枕流漱石、烟霞泉石之志而存。故明代中期以来对假山的反思，其实是回归于假山的真意，契合中国艺术的内在精神。因而遂成风气，其影响所致，成了明代中期到清嘉道时期数百年园林假山营建的基本法则。不仅在江南私家园林中流布，甚至影响其后皇家园林营建。

张南垣的叠石之变就是在这样的风气中产生的。其实张南垣等提倡的叠石之法，就是明末以来南宗画提倡者的基本观点。他们的叠石主张沾染上浓厚的绘画南北宗说的意味。就南垣而言，他早年学画，黄宗羲的传记说他："学画

扬州何园一角

扬州何园片石山房

于云间之某，尽得其笔法。"①而《清史稿》说他"少学画，谒董其昌，通其法"。黄所说的"某"就是董其昌。吴梅村《张南垣传》说："华亭董宗伯玄宰、陈徵君仲醇亟称之曰：'江南诸山，土中戴石，黄一峰、吴仲圭常言之，此知夫画脉者也。'"这里所说的陈徵君仲醇，乃是松江另外一位文豪陈继儒，他是董其昌的密友，也是绘画南北宗的提出者之一。陈继儒与南垣引为好友，陈继儒有《张南垣移居秀州赋此招之》诗云："指下生云烟，胸中具丘壑。"

　　张南垣与董其昌为首的这个文人集团的密切关系，使其以土戴石的造园方法打上了深深的南宗画理论的烙印。他的造园主张几乎是董、陈等人绘画南北宗说的园林版。董氏等崇南贬北的思想对他有很深的影响。他习画之倪、黄、王等都属于所谓南宗画的正传。而其土石相依之法，一如中国绘画中的平远山水，也受到董其昌理论的影响。董其昌在南北宗理论中，很推崇北宋宗室画家赵大年，而张南垣的叠石与赵大年绘画风格极为相似。董其昌说：

　　　　赵大年令穰，平远绝似右丞，秀润天成，真宋之士大夫画。此一派又传为倪云林，虽工致不敌，而荒率苍古胜矣。今作平远及扇头小景，一以此二人为宗，使人玩之不穷，味外有味可也。
　　　　赵大年平远，写湖天渺茫之景，极不俗，然不耐多皴，虽云学维，而维画正有细皴处者，乃于重山叠嶂有之，赵未能尽其法也。②

　　北宋画家赵令穰，字大年，善画平远小景。张邦基评赵大年的《归田图》说："竹篱茅舍，烟林蔽云，遥岭野水，咫尺千里，葭芦鸥鹭，宛若江乡。" 赵大年的画多为闲闲小

景，呈山林清远之态，《宣和画谱》说他多画"京城外坡坂
汀渚之景"、"画陂湖林樾烟云凫雁之趣，荒远闲暇"，景虽
小而富远趣。王维、董源、赵大年、倪云林代表一种清幽淡
远的绘画传统，成为董其昌提倡南宗画的代表。

　　而张南垣的叠石艺术也重平远之境，随意点缀，宜石则
石，宜土则土，不务险峻，但求会心，平冈小阪，陵阜陂陀，
一一得其风致，妙在自然俯仰之势。《图绘宝鉴续纂》卷二
说："张南垣，嘉兴人，布置园亭能分宋元家数，半亩之地经
其点窜，犹居深谷，海内为首推焉。"所谓"分宋元家数"，
就是对传统的认识，不取北宋以来的全景式构图，而取元代
书斋式山水的特征，重其境界。

苏州留园一角

第六章　叠石天工

　　文人园林的根本特点，就是重视天趣，淡化人工的痕迹，去匠气，去机心，去机械味，而呈现出一片自然的境界。文人园林就是创造一个人与世界"共成一天"的境界。

　　中国的园林是城市山林，但造园者让你知道乡野的意味，这绝不是让你不要忘记农村、野外，不是一种荒野哲学（如美国哲学家霍尔姆斯·罗尔斯顿的学说），而是让你从喧嚣中走出，从繁冗的外在物质中走出，在那幽雅的、宁静的处所，去体味世界的意味和节奏。假山的创造正是本着这一原则。

苏州拙政园蜿蜒的回廊

一　巧夺天工

西方园林可以说是人工的，中国园林是自然的。人工的，多重视雕饰和机巧，而自然的趣味则是拙的、野的，远离机心和夸饰。这受到中国哲学"大巧若拙"思想的影响。最高的巧是不巧，古拙的，苍莽的，野逸的，才是最好的。

中国园林很少有几何形构置的。意大利的一位传教士马国贤（Matteo Ripa, 1682–1746）在清宫当了十四年的画师，他说："畅春园以及我在中国见过的其他乡间别墅，都同欧洲大异其趣，我们追求以艺术排斥自然，铲平山丘，干涸湖泊，砍伐树木，把道路修成直线一条，花许多钱建造喷泉，把花卉种得成行成列。而中国正相反，他们通过艺术来模仿自然，因此，在他们的花园里，人工的山丘造成复杂的低相，许多小径在里面穿来穿去，有一些是直的，有一些曲折，有一些在平地和涧谷里通过，有一些越过桥梁，由荒石小道攀登山顶。湖里点缀着小岛。上面造着小小的庙宇，用船只或桥梁通过去。"

在法国园林中，无论是皇家园林如凡尔赛、枫丹白露、圣·日耳曼，还是私家园林如维郎得利，都强调对称、几何形构置，华丽，严整。不少园林以中轴线纵贯全园，两侧布局及景物呈对称展开。

而中国古典园林不管是皇家园林如北京颐和园、承德避暑山庄，还是私家园林如苏州拙政园、留园、网师园等，布局都呈非几何状。尤其是私家园林，更努力摆脱中轴线构造的影响。法国园林的几何形规则布局源于西方建筑的悠久传统，中国园林的非几何形的不规则布局则受到中国绘画的深刻影响。

中国的颐和园，同样是皇家园林，却风格迥异。颐和园内，有假山、石桥、长廊、亭阁，还有诗词绘画融入其中，俨然一幅连卷的山水楼台参差、花鸟声色齐备的中国画的境界。而西方园林则是以建筑为主体，景物的布置只是建筑的点缀。而中国园林建筑与山水林木为一体，甚至建筑在其中都不占主导地位。

西方的园林与中国的园林最大区别在于：西方园林体现了一种空旷、气派、宏大的气势，而中国园林体现的是娴静、优雅、精致的味道。西方园林基本贯彻的是文艺复兴时期的"人是自然的主人"的思想，侧重人力的加工，他们设计的建筑图案较多呈几何形，整体感觉井然有序，集中建筑、工艺、雕塑、绘画艺术，表现均衡、匀称、和谐的形式美。而中国园林贯穿着"人是自然的一部分"的观念，营造上侧重追求自然情趣。

俯瞰颐和园

　　如在花木的布置上，中国园林注意野趣，注意天成，庭前草不除，不像西方园林习见的是修剪整齐的花圃，人工痕迹至为明显。培根就将西方的园林说成是"对称、修剪树木和死水池子"，他认为这样的作品缺少想象，整齐划一。中国人的园林思想，是将园林构造视为大自然的一个单元，是自然整体的一个部分，他们在这方面体现均衡思想。中国人表现的是大自然的节奏。

　　在西方园林中，强调的是秩序、对称、整齐，符合古典主义的趣味。但在中国则喜欢美丽的无秩序。其实，中国人不是欣赏无秩序，中国人的秩序不是强行通过人为的节奏去改变自然，而是力求体现大自然的内在节奏。表面上的无秩序隐藏着深层的秩序。

朗特别墅　建于16世纪　位于罗马附近

法式花园

凡尔赛官中的中国景

中国园林的假山，要体现出天工之趣。所谓"虽叨人力，全由天工"。前文所说的平冈小坂，宜石则石，宜水则水，就是出于天工之趣的考虑。在叠山中，如果有人工技术的痕迹显露，就会有匠气，园林的艺术价值自然就不高。

园林假山效法自然，追求巧夺天工之妙，要得"天然委曲之妙"（李渔语），此说由来已久。《魏书》载张伦造景阳山："园林山池，诸王莫及，伦造景阳山，有若自然。"唐人假山之作就重视造化之工。许浑《奉和卢大夫新立假山》："岩谷留心赏，为山极自然。孤峰空进笋，攒萼旋开莲。黛色朱楼下，云形绣户前。砌尘凝积霭，檐溜挂飞泉。树暗壶中月，花香洞里天。何如谢康乐，海峤独题篇。"①

①《全唐诗》卷五百三十七。

宋人曾觌有《醉蓬莱》词，上半阕云："向逍遥物外，造化工夫，做成幽致。杳霭壶天，映满空苍翠。耸秀峰峦，媚春花木，对玉阶金砌。方丈瀛洲，非烟非雾，恍移平地。"② 以人工之创造，仿造化之奇功，叠出重重山，使方丈、瀛洲、蓬莱仙山宛然眼前。

②曾觌《海野词》，明刻《宋名家词》本。

明代成化间西域人锁懋坚一首咏叹假山的《沉醉东风》曲流传广远：

> 风过处，香生院宇。雨收时，翠湿琴书。移来小朵峰，幻出天然趣。倚阑干，尽日彼图。漫说蓬莱本是虚，只此是、神仙洞府。③

③杨慎《词品》卷六云："锁懋坚，西域人，扈宋南渡，遂为杭人。代有诗名，懋坚尤善吟写。成化间，游苕城，朱文理座间，索赋其家假山，懋坚赋沉醉东风一阕云……为一时所称。"

这"幻出天然趣"，乃是假山创造之根本要求。

二　散漫理之

效法自然、巧夺天工，是中国传统园艺界尽人皆知的思想。但在具体理解方面，又有相当大的差异。有的人强调模仿真山，将自然的真景缩小化。有的人侧重于"天理"秩序，力求在叠石艺术中表现伦理的追求。有的人受到道教思想的影响，对海外仙山感兴趣，欲在庭院中建立一个想象中的灵屿瑶岛。有的人强调的是造化的"精神"，力求表现自然的生生不息的内在活力。在这其中，我倒对一种独特的效法自然观感兴趣，这就是建立一种"散漫的秩序"的理论。

计成说，掇山之关键，在"散漫理之，可得佳境"。此句最须深体，可为园林假山不易之法。就像他说制作冰裂地时要"意随人活"，"没有拘格"，意在建立一种自然的秩序，没有人工雕琢，自然延伸，虽然"散漫"，但却体现出生生之条理，是一种无秩序的秩序。

计成又说："片山块石，似有野致。""野"与雕饰相对，即没有文饰，没有人工痕迹。《庄子》将"野"和"文"相对

扬州个园一角

而言，"文"（装饰）是"人"，"野"是"天"，是自然而然的。所以由人返天，就是由"文"返"野"。《二十四诗品》有"疏野"一品，其云："惟性所宅，真取不羁。……倘然适意，岂必有为。若其天放，如是得之。"野是一种天放的境界。园林追求山林气象，这个"野致"正是山林气象。

计成说，掇山妙在"不可齐，亦不可花架式，或高或低，随致乱掇，不排比为妙"。这就是"野"，散漫为之。而"排比"之道，却是人工痕迹毕露，难称高致。"野"还象征着一种不为法度拘束的心态，如白居易诗所云："言我本野夫，误为世网牵。"（《香炉峰下新置草堂即事咏怀题于石上》）"野"是对网的挣脱，要做一条"漏网之鳞"。

计成这些零散的表述，所表达的还是中国园林假山中的重要思想，就是对人工秩序的规避。效法自然，就是效法自由开放的境界。一切假山叠石之道，都是人工所为。但虽由人作，宛自天开，人工所为必须不露痕迹，使其如同自然一样，自然是最高的范本，最高的准则。效法自然的创造才能产生美。如果要将园林叠石作为一种艺术，就必须力避人工的痕迹，不能像石匠垒石。就像李斗《扬州画舫录》所说的，那样做"直是石工而已"[①]

张南垣、计成等倡导叠石的"不作"之道，以"随意点缀"为根本，这个"随意"，就是不刻意为之，循顺自然的节奏，所谓"因其固然"，寻求一种微妙的表达。因此，"散漫理之"，不是漫无目的，毫无准的，而是在人工与本然之间寻求最好的平衡，力求表现自然的节奏。不经意中显露出创造者的智慧，随意中见出不随意，在无秩序的"乱"中见出谨然的秩序。

清康熙时的著名学者钱澄之在给朱彝尊诗集作序时，谈到张南垣叠石之法："往见张南垣山人为人选石作假山，

① 《扬州画舫录》云："若近今仇好石垒怡性堂宣石山，淮安董道士垒九狮山，亦藉藉人口。至若西山王天於、张国泰诸人，直是石工而已。"

①《蓄锦集引》,《田间诗集》文集卷十六。

②邵长蘅《邵子湘全集》之《青门麓稿》卷四,清康熙刻本。

聚万石于前,略加审视,若为峰,若为崖,若为岩壑,若为麓,向背横斜,一切现成。其石大至寻丈,小或径尺,役者如其指,嵌合之,不失尺寸,尝以为神巧。"①他以此比作诗之法,都在不经意中而成,需要丘壑内营,随意中有匠心独运。

清初另外一位学者邵子湘在无锡观寄畅园,作有多诗,其序中有言:"园为张南垣垒石,不作峰峦,而多陂陀漫衍之势。"②这位敏感的学者所看到的正是张南垣散漫理之的造园之法。

这里所隐含的还是中国哲学对人的理性的质疑,对以人的知识去诠释世界的不信任。正像庄子所说的,一切以人的知识解释天地的努力都是无用的,是对天地的曲解,道法自然,遵循自然之道,才是最根本的原则。

我们看到,在叠石的"散漫理之"的自然秩序中,有明显的回避道德理性的因素。中国哲学有一种传统,就是在确立天地为最高准则的基础上,将人的道德的"当然"从天地那里寻求"必然"的解释,因为"天经地义"才意味着终极真理。

最典型的莫过于《易传》上所说的:"天尊地卑,乾坤定矣。卑高以陈,贵贱位矣。"由此来为君尊臣卑、男尊女卑找说辞。天地的秩序不是一种自然延伸的系统,而被解释成生生而有"条理",所谓条理者,就是天定的道德秩序。以载道为自律的艺术也明显受到这一思想影响。

在绘画中,北宋郭熙《林泉高致》讨论山水画的构图,明显谨守儒家的这一道德原则,他说:"小者大者,以其一境主之于此,故曰主峰,如君臣上下矣";"以其一山表之于此,故曰宗老,如君子小人也"。

清沈宗骞在《芥舟学画编》中,认为画山水,要分清君臣主宾之位:"故作画有偏局正局之分焉。正局者,主山如人主端座朝堂，余山如三公九卿，鹄立拱向。其下幅树石屋宇，则如百官承流宣化，皆要整齐严肃之中，不失联属意思。又如端人正士，庄敬日强，令人望之俨然而生敬者，此局为最难。"山水画的世界俨然成了一本道德教科书。

叠石艺术也深受此一思想影响，最典型的例子就是宋徽宗的艮岳，君臣秩序在这里得到出神入化的表现。所谓立主宾、分远近、众山拱伏、主山始尊等假山原理被充分运用到艮岳的创造中。僧祖秀《华阳宫记》言艮岳之建："工已落成，上名之曰华阳宫。然华阳大抵众山环列于其中，得平芜数十顷，以治园圃，以辟宫门，于西入径，广于驰道，左右大石皆林立，仅百余株，以神运昭功，敷庆万寿峰，而名之'独神运峰'，广百围，高六仞，锡爵盘固侯居道之中，束石为亭以庇之，高五十尺，御制记文亲书，建三丈碑，附于石之东南陬。其余石，或若群臣入侍帷幄，正容凛若不可犯，或战栗若敬天威，或奋然而趋，又若伛偻趋进，其怪状余态，娱人者多矣。"①在后来的皇家建筑中，如颐和园、圆明园、承德避暑山庄、故宫的花园等中，无不贯彻了此一思想。

而晚明以来以张南垣为代表的叠石潮流，走向野逸的道路，崇奉庄禅思想，他们并不是完全忽视叠石中的主次之分（像计成在《园冶》中也谈到主次君臣的问题），但在"散漫理之"的思路中，明显消解了这种陈腐的君臣观念和强制性的道德秩序。叠石艺术更多地服务于主人或设计者的性灵表达，在"随致乱掇"的形式创造中，以"天地条理"名目出现的道德秩序被置于脑后。今在江南私家园林如环碧山庄、艺圃等，每多见萧散的构置，有浓厚的文人意味，却很少见到那种念念君臣之间的媚态。

苏州同里退思园，主人在空灵中退而思之。唐刘禹锡有"欲知花乳清泠味，须是眠云跂石人"（《西山兰若试茶

① 据明李濂《汴京遗迹志》卷四所引。

苏州退思园

歌》）诗句，此园用其意，正体现出散漫理之的特点。

　　退思园是一个以水见长的园子。中有一汪水池，水里有锦鳞若许，红影闪烁，若有若无，若静若动，湖的四边驳岸缀以湖石，参差错落，石上青苔历历，古雅苍润，驳岸边老木枯槎，森列左右，影落水中，藤缠腰上，与园中诸景裹为一体。岸边又有水榭亭台。这是一个微型的空间，但却是一个活的空间，到此一顾，顿觉凡尘尽涤。正如高明的画家，画得满纸皆活。亭或作舫形，所谓"闹红一舸"，带着人凌虚而行。水澹荡，轻抚驳岸；鱼潜跃，时戏微荇。檐檐皆有飞动之势，蹈空而蹑影；树树皆有昂霄之志，超拔而放逸。至如云来卧石，风来缱绻，菰雨生凉意，淡月落清晖，更将这小小的空间在宇宙之手中展玩，玩出一片灵韵。真可谓当其空，有园之用。初视此园，处处皆是实景，但造园者的用心在在都落空处，水空，石空，亭空，向高处，高树汇入高空，低视处，苔痕历历，忽然将你带到莽莽远古的空。空为此园之魂，此园因空而活。

同时，我们看到明代以来叠石艺术对人工秩序的规避，还体现在破知识秩序方面。钱泳《履园丛话》卷十二记载：

> 近时有戈裕良者，常州人，其堆法尤胜于诸家，如仪征之朴园，如皋之文园，江宁之五松园，虎丘之一榭园，又孙古云家书厅前山子一座，皆其手笔。尝论狮子林石洞皆界以条石，不算名手，余诘之曰："不用条石，易于倾颓奈何？"戈曰："只将大小石钩带联络，如造环桥法，可以千年不坏。要如真山洞壑一般，然后方称能事。"余始服其言。至造亭台池馆，一切位置装修，亦其所长。

戈裕良是继张南垣之后又一位叠石名家。他反对做石洞用条石，强调用大小不同的石块垒叠。戈裕良作为一位叠石名家，生平所造之园很多，其事迹流传也不少，而钱泳独记下这件"小事"。其实，这件"小事"中包含着中国叠石艺术不小的道理。用条石垒出洞穴，不是不利于行，而是有悖于自然天工的原则，条石是人工凿成的，直线型的，用这样的石头叠出的洞壑，就少了自然的趣味，露出人工的痕迹。戈裕良以此一点谓名园狮子林"不算名手"，不是责之甚苛，而是因为此事攸关叠石艺术的大原则。

清张英《吴门竹枝二十首》，其中有一首写张南垣造园之事："名园随意成丘壑，曲水疏花映小峦。一自南垣工累石，假山雪洞更谁看。"并有注云："张南垣工累石，不为假山雪洞而自佳。"[1]张南垣开辟的此一风气，对清初以来造园艺术有重大影响。

在中国叠石史上，谢肇淛所举的"整齐近俗"的构造，计成所说的"排比"之例，他所批评的厅堂前齐齐地树三峰

① 《文端集》卷十五。

的创造模式，以及张南垣所说的"方塘石洫"式的方式，等等，都是一种人工机械的创造方式，它们与戈裕良所反对的条石式的叠垒方法一样，都因破坏天趣，为真正的叠石艺术家所排斥。

中国造园家每强调，园林创造是"曲"的艺术，钱泳甚至说，园林其实是被"曲"出来的，其主要意思并不在于将园林中涉及的一切都弄弯曲，而强调的就是自然天工的思想。在中国造园者看来，曲与直相比，直代表人工，代表既定的秩序，代表一种可以感觉到的人的理性，而曲则代表自然的、随意的、不可控制的创造。它所反映的正是中国艺术理论的重要原则"不作"。没有秩序就是他的秩序，就像向上攀爬的藤蔓，自由的延伸。计成说这是"意随人活"。他进一步阐释道：

深意画图，余情丘壑；未山先麓，自然地势之嶙嶒；

扬州瘦西湖的曲桥

构土成冈，不在石形之巧拙；宜台宜榭，邀月招云；成径成蹊，寻花问柳。临池驳以石块，粗夯用之有方；结岭挑之土堆，高低观之多致；欲知堆土之奥妙，还拟理石之精微。

由张南垣开辟的所谓"以土戴石"的传统，其实就是随意点活的创造方式，循自然之势，而截溪断谷，坡石相关，随意点缀，自在天工，像一片叶脉自然地自由地延伸着。

其实，中国园林对自然天工的提倡，往往就在这微妙之处。北京大学的未名湖，虽然不大，但很有名气。在这个湖边散步的人，前几年突然发现湖变小了，其实并不是湖变小了，而是湖边的路变了。原来是鹅卵石的小路，小路蜿蜒曲折，春天来了，石头中间滋生出不少杂草，一路绵延到周边的杂树林中，显得"野"味十足。后来拓宽了这条路，并修起了宽宽的柏油路，汽车从湖边呼啸而去，宁静的湖没有了，碧波荡漾的湖面也因而变小。

这方面微妙的例子，还有中国园林独有的驳岸。我们看小小的退思园，那里的驳岸处理极是考究，忽而大石当水，忽而犬牙交错，高低不平，参差错落，水荡石岸，鱼戏微荇，令人流连忘返。

其在一个"驳"上下功夫，"驳"者，斑驳也，不循规则、出人意表也。这参差不齐的石之世界，可容水激，可涵浮荇，可与岸边的苔痕历历融为一体，可将水中的世界与岸边的杂花野卉乃至陂陀间的绵延世界打成一片。

而现在有不少园林的水岸，用条石堆砌，以水泥糊成，齐齐整整，光光滑滑，乍看起来，倒不像园池，而像是水利工地，这正是南垣所说的"方塘石洫"。其重大缺陷，就是隔断了水与岸的联系，失落了散漫的野趣，这对于中国园林来说，是个大问题。

扬州瘦西湖亭廊的曲

苏州沧浪亭

绘画六法中有"经营位置"一法，主要是针对构图而言的。而在叠山之中，也有这一问题。传统园林理论对此有深入的讨论。

古人曾有"石无位置"的观点，《小窗幽记》说："山居有四法：树无行次，石无位置，屋无宏肆，心无机事。"石无位置，不是不讲究位置，园林创造是匠心独运的结果，宜亭则亭，宜榭则榭，这方面的斟酌，可以见出一个造园家的真水平。真正的园林家一个个都是布局的大师，如郑元勋序《园冶》所言，必须"胸有丘壑"，如同围棋的高手，往往不

扬州瘦西湖假山

经意中着一点，而满盘皆活。园林之设计者是在整个园林的空间世界中，考虑一个点，在气化流动的世界中考虑一个场景。所以，这个"宜"最是关键。因地制宜，此"宜"岂易言哉！

"石无位置"，就是于位置中超越位置。它强调"位置"要有自然天成之趣，不能流于机心，不能有人工的痕迹，人精心设定的位置，就像没有经过加工一样。

即如东坡题其壶中九华石所云："试问安排华屋处，何如零落乱云中。"零落散漫中，可见自然之妙，刻意安排处，反伤真趣。

明代嘉靖间无锡安国，好园林，其西林为无锡著名园林，其又有南林和嘉荫园。安玹《胶东山水志》中记嘉荫园："阁南下，湖石为台，参差曲折，梅廿余本，乱缀石次，花时香雪高下，韵甚。"[①]此中所言"乱缀石次"，正言及石无位置的妙处。

①此据《泰伯梅里志》所引，见陈植《中国古代名园记选注》之王世贞《安氏西林记》前解说。胶东，指无锡胶山之东。

杭州西湖湖心亭一角

石无位置，当然不意味乱，而是强调随意点缀、自在东西，不存框格，遇物成形。计成所说的"蹊径盘且长，峰峦秀而古。多方景胜，咫尺山林。妙在得乎一人，雅从兼于半土"，重在人的灵心活运，而不在死守法式。咫尺山林的感觉，还在人心的融汇。

像故宫后花园的假山园林，虽收天下之奇珍，在经营位置上非常考究，但因做得过紧，过实，趣味大减，反而不及一些随意点缀的假山园林有意味。如扬州个园的一些园景，随意点缀，与驳岸水体相呼应，别具趣味。

虽说石无位置，其实叠山之法最须斟酌位置。位置不当，再好的石头也不会产生风味。文人园林的"位置"，还是本着虽由人作、宛自天开的法则，精心结构，结构到不露一点人工的痕迹，看不出曾经有结构位置的痕迹，此即为高妙。

清代造园家、岭南名园梁园的设计者梁九图说："选石得宜，次讲位置，位置无法，无以美观。鬼斧神工，俱成滞相，此事只堪为知者言耳。"他认为，赏石贵在位置，没有好的位置，甚至会灭没了天地之美，愧于造物之精华。所以他认为，石的位置得当，还需要小景的配置："石上种苔之法，竹与木俱宜，极小然后重峦叠嶂，始露大观，唯必择其小而枝柯苍劲者裁之，令见者有穷谷深山之想，一苔一草俱费匠心。"这些考虑，其实都在显露石的自然之趣，做出一种无"位置"的感觉。

我们看苏州留园冠云峰，不得不惊叹其"位置"的神妙。冠云峰是这座园林的魂灵。站在这个景点前，我们看到的并不仅是这假山的瘦影，我们看到造园者在这里潜藏了一个无限灵韵的空间，在冠云峰的实景和虚空之间构成了丰富的层次，冠云峰的瘦影额首水面，戏荡一溪清泉，将它的身

苏州留园冠云峰

影伸到了渺不可及的深潭，潭中假山就是一个有意味的世界。真有苏东坡"庭下如积水空明，水中藻、荇交横，盖竹柏影也"的韵味。假山脚下是或黄或白或红的微花细朵，烘托着一个孤迥特立的灵魂。山腰有一亭翼然而立，空空落落，环衬着她。再往上去，冠云峰在空阔的天幕中的清影，再上去，是冠云峰昂首云霄。虽一假山，造园者给我们创造了一个"层累的世界"，从水底、水面、山脚、山腰，直到天幕、遥不可及的高迥的天际，虽一山也，汇入到层层的世界中去，汇入到宇宙的洪流之中，我们在此感受到空潭清影、花间高情、天外云风。暮色里，浣水沼收了云峰的瘦影；晨雾中，一缕朝阳剪开了云峰的苍茫，朝朝暮暮，色色不同；春来草自青，秋去云水枯，四时之景不同，而此山有不同之趣也。我们在冠云峰这个"点"中，看到了世界的"流"。

上海豫园假山　　　　　　　　　　　　　　上海豫园玉玲珑

其实，石的"位置"与石的品质并非没有关系。面对一块没有趣味的石头，再好的位置经营往往也难奏其效。所以，中国古代假山营造非常重视选石。

梁九图《谈石》说："藏石先贵选石，其石无天然画意者，我不中选。曰皱曰瘦曰透，昔人已有成言，乃有化工之妙。"一块没有经过人工雕琢的石，是自然的，但不代表这样的自然之石就能入选，人们选择那些能突出自然天工之妙的石，即依照人的眼光所体现出的造化特征，或者说富有人的精神性因素，如对瘦漏透皱的偏好，显然是人的意识所决定的。梁九图对黄蜡石的偏爱，正与他所重视的化工之妙密切相关。

中国古代的玩石者，还有一种比较流行的"造石"方法，不是人创造出石头，而是通过人的努力，再加以自然的伟力，创造出一种合乎人们审美习惯和生命追求的石来。

南宋赵希鹄《洞天清禄集》之"怪石辨"说："太湖石出平江，太湖土人取大材，或高一二丈者，先雕刻，置急水中舂撞之，久久如天成，或用烟熏，或染之色，亦能黑。"这种方法一直流传到现在。

很多奇石就得自于这样的手段，"鬼斧、神工"中也包括了人工，不过人工的痕迹不露，做得如天然创化，这是不可置疑的原则。但这一原则在今天则有所背离，它的直接结果是破坏了中国赏玩石的基本审美规律，以奇为尚，人工雕琢痕迹尽显，有的甚至是粗糙的、拙劣的，石的深加工，使其更向工艺化方向发展。石原有的古拙苍莽的意味荡然无存。

中国园林的营建，"别无成法"。无法，而园之难立，园说、园法、园冶、营造法式之类的书，其实都是在说法。但又可以说无一法可立，所谓"我说法，即非法，是为法"，他们说的是一种活法，如果拘拘于成法，拘拘于位置，则园之自然流动之趣、随物为宜之味就会丧失。这正是"宜亭则亭，宜榭则榭"的命意所在。

四　假山与日本枯山水

比较日本的枯山水和中国的假山，是一个饶有兴味的话题。枯山水是日本庭院的代表，假山是中国园林的核心。二者都有一个思想源头，都来自禅宗。枯山水是日本古代的禅僧们到中国学习禅宗思想，回国之后，为了表现禅宗的修行思想，在佛寺的庭院中，制作出精神追求的空间。中国的假山虽然有绵长的文化传统，但禅宗哲学也是它的基本思想背景。二者都受到中国水墨山水的影响，有淡逸的趣味。

　　但是，粗眼一过，即能看出二者是不一样的。假山是园林中的一个点景，是园林空间形态的有机组成部分。在假山的周围，总是有花木相伴，有流水缠绕，幕天席地，招风际雨，成就一灵动活泼的空间。在中国园林创造看来，日本的枯山水几乎是未完成的作品，在这里没有花木，没有绿色，甚至有的枯山水连偶有的苔痕也省略了，它是白沙和石头相结合的艺术，往往平平地铺上白沙，再将其爬制成纹理，纹理现出道道波痕，再以几块石头构成的"组石"来象征山岛，沙的细软和石的坚硬构成奇妙的关系，白色的沙滩和兀立的岛群，引领着人们的思想飞出现实的时空，

　　在我看来，日本的枯山水妙在寂，中国的假山妙在活。枯山水和假山都不是真山水，枯山水是枯的，假山也是枯的。但中国人是要在枯中见活，日本人要在枯中见寂。在中国艺术家看来，僵硬的石头中孕育着无限的生机；而在日本庭院艺术家看来，一片沙海，几块石头，就是一个寂寥的永

日本枯山水之一景

恒。如果以唐代诗人韦应物"万物自生听，太空恒寂寥"两句诗来作比，中国假山要创造一个万物自生听的世界，日本的枯山水则要创造一个太空恒寂寥的宇宙。

禅家的"无一物中无尽藏"的哲学，成为日本枯山水创造的基本思想。白色的沙海，无色，无味，无任何生机，它由一颗颗微小的沙粒组成。面前的景致，使人联想到宇宙和人生，恒河沙数，宇宙缅邈，人只是一颗微尘，在浩瀚的大海中，人只是一沤。生命体的有限和宇宙的无限构成强大的反差，使人作现实的逃遁，而进入到静思和冥想之中。在日本传统哲学看来，枯山水就是让你在其中冥想的，在这世界的沙海面前，静思，自律，达到灵魂的修炼。

中国园林的哲学如果以禅宗语表达的话，可以叫做"无风萝自动，不雾竹长昏"。这里也是一个静谧的空间，也是一个深幽的世界，枯石林立，古木参天，但它在宁静中有跃动，枯朽中有生机，一片假山就是一片生命的天地。中国园林创造，就是对活力的恢复，创造一个鸢飞鱼跃的世界。假山乃至中国艺术的枯木等等，都是在几乎绝灭中，表现盎然的生命活力。枯山水将你引出人间，引向广远的宇宙，而假山，是人间的，亲近的，葱翠的，活泼的，平常的，自然的。

枯山水，是与沙子对话。或许因为日本是个岛国，为白色的沙滩环绕，沙子的纯净成为他们的至爱，这便影响到庭院的构造。而在中国，沙漠却是一个吞没绿洲的野兽，对它并不很亲近。在假山中，是与水对话。在日本古代庭院中，本来也是有水，有花，有葱翠的植物，但是禅师渐渐将之省略了。所以日本的枯山水是没有水的。而在中国，水是园林的灵魂，中国的园林就是叠山理水的艺术。山无水不活，水无山不灵。山岛耸峙，清泉环绕，水随山流，山入水中。假山层层，有重崖复岭之妙，风烟出入，云气蒸腾，烟萝轻披，淡月

宁波天一阁南园

扬州个园剪影

缠绵，能生出种种妙境。

日本的枯山水追求空灵寂寥的境界，中国园林也追求空灵。日本的空灵，在中国看来是空荡荡，空荡荡不是空灵，枯山水是面对寂无一人、空无一物的世界追求永恒，中国人的空灵，是在空中有灵动，假山瘦漏生奇，玲珑安巧，通透而活络。假山还是声与色的艺术，泉石激韵，落叶鸣琴，哪里是一个寂寥的世界，它就是带你到理想净界的扁舟。

日本的枯山水是让人思，这银色的沙滩就是浩淼的宇宙，微小的沙粒就是微不足道的存在。人在这"无一物"的世界中，在他的边缘，注视着它，但见得一片白色的世界在眼前延伸。人不可以走这个世界，它让你静坐静思，欣赏枯山水的方法是思，这些奇妙的沙石提供一个冥想的起点，一个切入宇宙永恒的契机。而中国的假山是一种让你融入进去的艺术世界，一片山水就是一片心灵的图画，山水之好，要在可居可游，人们不是在它的外围观看它，而是汇入到山水之中，不要冥想玄想，云无心以出岫，人无心而优游，一切理性活动都在排除之列，融入到它的世界中，与生烟万象相优游。日本的枯山水是出世的，如同日本茶道中的闲寂、孤独的"侘"之境界；而中国园林则是入世的，就在俗世中成就自己的生命。因为中国人更重视清净的莲花就在污泥浊水中绽放，他们知道，一切烦恼都是佛的恩惠。

枯山水，如同古希腊的神庙，隔开与外在世界的联系，有一种孤寂的意味。人们目对孤迥特立的对象，从而冥思。中国的园林则是山水相依，云墙篱落绵延，隔墙风月借过来，非园中之景，即园中之景。置一个亭子，是为了月到风来；立一块湖石假山，是为了招来九天云烟。大化之流动，于此园中可见矣。

下篇　盆景的微妙世界

盆景是中国艺术的代表形式之一，中国人以盆景来美化生活，盆景是中国人艺术化人生态度的活的形式。

盆景是一个微型世界，它虽微小，却很微妙。

它是中国艺术的代表形式之一，中国人以盆景来美化生活，盆景是中国人艺术化人生态度的活的形式。这门艺术先后传到朝鲜半岛和日本等地，并在日本得到突出发展，进而传到欧美诸国，今天它已经成为世界人们喜爱的艺术形式。盆景中所体现的审美趣尚反映了东方美学观念的一些根本性问题。

盆景并非都是以石做成，但与石有密切关系，没有石，或许就没有盆景这门艺术。大而言之，石，真与中华文明有素缘存焉。我们的文明传统，很多与石有关。所谓"虽一拳石之多，而能蕴千岩之秀，大可列于园馆，小可置于几案"①。

盆景在一定程度上可以说是石与植物相合的艺术，将古梅、奇松等植物植于石之左右，再"栽"在盆中，置于几案间，允为清供，于是就有了盆景。盆景初名为"弹子窝"、"些子景"等，都说明它与石的亲缘关系。正如著名园林史家周维权先生所说："造园几乎离不开石，石的本身也逐渐成了人们鉴赏品玩的对象，并以石而创为盆景艺术、案头清供。"②

藏于北京故宫博物院的宋徽宗的名作《听琴图》，反映出早期盆景与假山之间的密切关系。琴手坐在大树下弹琴，前

宋 赵佶 听琴图 绢本 147.2×51.3厘米 北京故宫博物院

① 宋人孔传为杜绾《云林石谱》所作序中之语。

② 周维权《中国古代园林史》（第二版），清华大学出版社，1999年。

有两人静静地倾听，其中着红衣者或是画家本人。画家运用他出色的写实功夫，非常细腻地处理画面，一草一木都画得很真切。处于画面重要位置，与琴手同处中线，在画面的前端，却认真地画一拳怪石，怪石托起一个小盆，小盆中植花木，正是盛开时。此正是盆景。人在倾听，似乎盆景也在倾听，盆景与琴手的轻拨、听者的会心形成一个相与吞吐的世界，创造出一种独特的艺术境界。在这里盆景已从一个珍贵的物，变成了一种会心之具，一个与人的心灵相关者。盆景的大量制作晚于假山的出现。这件作品中所反映的盆景与假山之间的亲缘关系，也深刻地影响着盆景的意义空间。

仇英著名的《汉宫春晓图》长卷中有一段回廊外有盆景对称陈列，两盆景中置有湖石假山，此可谓假山盆景（《红楼梦》四十回称此为"石盆景"）。再往前，就是一湖石假山大制作，如同今存于世的瑞云峰。它也反映出盆景与假山之间的亲缘关系。

又如传为明代吴门绘画圣手仇英的一幅小制作《游船图》纨扇小品，画一文士载伎随波泛中流，竟然在游船之最前面置一盆景，名窑之盆，上冰裂纹清晰可辨，盆中栽有花木，正在花时，生意勃然。盆景成了文人生活所不可缺少之物，成为映照清流之语言。

与假山的制作相似，盆景也是爱石传统的"景观化"。苏轼有诗云："我持此石归，袖中有东海。垂慈老人眼，俯仰了大块。置之盆盎中，日与山海对。"①所以，本书论中国玩石的传统，再及盆景，以期多侧面地展示中国人这方面的智慧。

① 《文登蓬莱阁下，石壁千丈，为海浪所战，时有碎裂，淘洒岁久，皆圆熟可爱，土人谓此弹子涡也。取数百枚，以养石菖蒲，且作诗遗垂慈堂老人》，《苏轼集》卷十八。

明 仇英（传） 游船图 38×38厘米

仇英 《汉宫春晓图》中的假山盆景

第七章　盆景的"小"

盆景是盆中的世界，移来山林入座间，它是"小"的，这是就其有限性而言。其实，人的存在又何尝不"小"，人的生命与盆景一样，也是有限的。

中国人于有限中追求无限。一盆清供置于案间，通过生命的体验，可使人从生命的脆弱和窘迫中超越，同于荒穹碧落。中国哲学有见微知著的传统，有以小见大、当下圆满的智慧，在些子盆盎中，通过生命的发现，也可以领略世界的无边生意，感受充满圆融的生命境界。

清人曹溶云："不曰'盆树'，而曰'盆景'，何居？盖最似画家小景，所谓寸马豆人者，地步之规模，虽隘而意匠之涵甚弘，是为得之。"① 曹溶认为，盆景之"景"甚有讲究，乃强调其咫尺可以尽万里之势也。

① 《论盆树第十》，曹溶《倦圃莳植记》卷下。

一　于小盆景中"观生意"

"生意"是中国盆景的灵魂。庭院里，案头间，一盆小景为清供，稍近之，清心洁虑，细玩之，荡气回肠。勃勃的生机迎面扑来，人们在不经意中领略天地的"活"意，使人感到造化原来如此奇妙，一片假山，一段枯木，几枝虬曲的干，一抹似有若无的青苔，再加几片柔嫩娇媚的细叶，就能产生如此的活力，有令人玩味不尽的机趣。

勿嫌盆盎小，能容天地根。活泼泼的生命世界，就由这些微之景实现了。

曲栏西畔小盆池，两两金鱼弄碧漪。盆景中的鲜活，包含着鸢飞鱼跃的境界，蕴涵着中国人对活泼泼生命精神的追求。陆游《盆池》诗云：

> 雨送疏疏响，风吹细细纹。
>
> 犹稀绿萍点，已映小鱼群。
>
> 傍有一拳石，又生肤寸云。
>
> 我来闲照影，一笑整纶巾。[①]

①《剑南诗稿》卷三十五。

诗人写他在这个微妙世界中的感受，小小的盆盎，清澈的水，映照着天空飘过的云，轻风又起，泛起淡淡涟漪，盆中

相思树盆景

榆树盆景　章征武制

有假山,人来鱼游动,如游山水间。这哪里是写一个盆中的小世界,而是写他当下的生命感受。在诗人看来,小小的盆景托出一个性灵的宇宙。

对"生意"的追求,是盆景得以提升为一种艺术形式的重要原因。盆景是人"生命的雕刻"!艺术家创造一片活的宇宙,从而展现玲珑活络的心灵。

明代盆景理论家吕初泰说:

> 盆景清芬,庭中雅趣……萦烟笑日,烂若朱霞。吸露酣风,飘如红雨。四序含芬,荐馥一时,尽态极妍。最宜老干婆娑,疏花掩映,绿苔错缀,怪石玲珑。更苍萝碧草,袅娜蒙茸,竹栏疏篱,窈窕委宛。闲时浇灌,兴到品题。生韵生情,襟怀不恶。[1]

①见其所作《盆景》一文,此文收在明王象晋的《二如亭群芳谱》,是书刻于明万历年间。

碧苔芳晖中有"生韵",婆娑老枝处含"生情"。一个"生"字是盆景艺术的命脉。明文震亨是一位对盆景很有研究的艺术家,他说:

> 吴人洗根浇水竹剪修净,谓朝取叶间垂露,可以润眼,意极珍之。余谓此宜以石子铺一小庭,遍种其上,雨过青翠,自然生香。[2]

②《长物志》卷二《盆玩》。

几根绿竹,数枚石子,经过有心人的神手,就赋予它生香活态。清康熙时园艺学者陈淏子的《花镜》是盆景艺术的重要著作,其中有言:"若听发干抽条,未免有碍生趣,宜修者修之,宜去者去之,庶得条达畅茂有致。"[3]所谓"条达畅茂",也就是理学家所强调的"生生而有条理"。

③《花镜》卷二,中华书局,1956年。

清 邹一桂 梅石盆景

在中国盆景艺术史上,生意凛凛,是人们的不二追求。明末陈洪绶有《梅石图》,其实画的就是一盆古梅盆景,怪石之中,几点白色的梅蕊,艳艳绰绰,在一个古老的世界中述说生命的鲜活。清花鸟画家邹一桂有《古干梅花图》,表达了梅活一线的妙处。全枝呈枯形,枯中微见数点,活脱的精神油然生焉。

在盆景鉴赏中,人们也对"生意"投以青眼。北宋李曾伯有《水龙吟》词,写盆景之妙:

> 几番南极星边,樽前常借南枝寿。今年好处,冰清汉节,与梅为友。老桧苍榕,婆娑环拱,影横香瘦。把草庭生意,蛮烟尽洗,都付与、风霜手。[①]

①《可斋杂稿》卷三十一,《文渊阁四库全书》本。

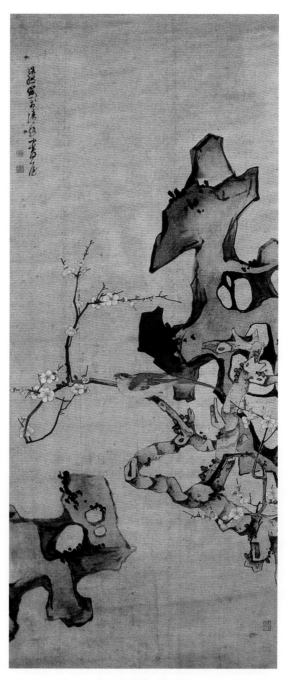

明　陈洪绶　梅石图

家中有小景数盆，有古梅、老桧、苍榕，或古拙苍莽，或疏影横斜，都有勃勃的生机。词人说盆景艺人有一双"风霜手"，能将天地间万般景致罗列眼前，将造化的"生意"勾画出来。"草庭生意"，正是宋代周敦颐所说的"庭前草不除"的活泼境界。

北宋张耒作有《石菖蒲并序》，其序言称：

> 岁十月，冰雪大寒，吾庭之植物无不悴者，爰有瓦缶，置水斗许，间以小石，有草郁然，俯窥其根，与石相结络，其生意畅遂，颜色茂好，若夏雨解箨之竹，春田时泽之苗，问其名曰：是为石菖蒲也。[1]

①《张右史文集》卷三，《四部丛刊》本。

他从盆池的石菖蒲中体会到生意畅然的美。

宋人戴昺有《移古梅植于贮清之侧，已有生意，喜而赋之》诗：

> 剥尽皮毛真实在，几年孤立小溪浔。人来人去谁青眼，花落花开自苦心。不是野夫同臭味，难教君子出山林。巡檐日日窥生意，一朵先春直万金。[2]

②《农歌集钞》之《书房》，见《宋诗钞》本。

他也在这盆古梅中，窥出了造化的"生意"。他所言之"真实"，就是世界的活意。

盆景作为案头壁间之作，与人朝夕相伴。苏轼从寺院中取回被人们称为"弹子窝"的石子，想到与石菖蒲相合而成一案头之作，写诗赠寺院垂慈老人，谈自己的体会。他在盆景世界中，日与山河大地相对，了观世界变化，与大块相俯仰。盆景不是外在山水景物的替代品，而是将世界的"绿意"引到案头，置入心间，使人窥透造化的生机。

明胡佩《盆石》诗说得好："窗前置石盆，盆中叠山石。广袤不数围，挈瓶小涓滴。那知造化工，大小无所择。元气一周流，无处不融液。居然盆石内，草木亦蕃殖。绿叶间黄花，生意兴勃勃。不见春园中，繁株娇的鲽。倏已秋风至，焦悴无颜色。花草虽细微，亦或感衷臆。颇颣幽人贞，贫贱不移易。又如晚遇士，抱璞无人识。不用伤白头，对作楚囚泣。"①小小的盆景让他体会到无往不复的变化之理。

正是：一盆清供，取来一片山林气象，招来几缕天地清芬。小小的世界里，有了自然的"生香活态"，有了天地的"生韵生情"，有了"复以见天地之心"的往复回环之趣，还有了"生生而有条理"的机趣。既尽天"情"，又显天"理"。

中国哲学家、诗人、艺术家所说的翳然清远、自有林下一种风流，这样的境界，就在小小的盆景中实现了。正是在这个意义上说，盆景哪里是"案头玩物"，而是"生命清供"。

中国哲学是一种以生命为中心的哲学，强调"天地之大德曰生"——天地的最高德行就是创化生命，天地间的一切都贯穿着生生不已的创造精神。《周易》讲变易的哲学，所谓"生生之谓易"，讲的就是生生的道理。道家讲道法自然，强调师法天地的"周流而不殆"的精神。而追求生生不已的精神，也是中国传统艺术的根本原则，书法、绘画、建筑、音乐等无不如此，如绘画讲"六法"，以"气韵生动"为第一要则，所根据的就是生生哲学的思想。盆景也受到这种哲学思想的影响。

盆景作为一种独立的艺术种类形成在宋代，盆景的诸种形式到了两宋时期已经具备，盆池、盆花（如盆梅）、盆山（即山水盆景）等植物盆景和山石盆景都已进入成熟期。苏轼《端午遍游诸寺得禅字》诗说："盆山不见日，草木自苍然。"这里就点出当时有了以山石配景的植物盆景。

明 仇英 古代仕女 绢本 95×38厘米

宋王十朋《岩松记》说："友人以岩松至梅溪者，异质丛生，根衔拳石茂焉，非枯森焉，非乔柏叶，松身气象耸焉。藏参天覆地之意于盈握间，亦草木之英奇者，余颇爱之，植以瓦盆，置之小屋。"①朋友送来一块苍古的松根，王十朋就想到做一件盆景，这说明当时的盆景观念已比较普及。

孟元老《东京梦华录》记载北宋都城汴梁在七夕时，人们"以小木板上抟土，旋种粟令生苗，置小茅屋、花木，作田舍家小人物，皆村落之态，谓之谷板"，这里的"谷板"指的就是盆景，它是盆景的一个变种，只不过以板代盆而已。

吴自牧《梦粱录》所提到的"窠儿"、《武林旧事》所说的"盆窠"、《云林石谱》涉及的"木窠"等，都是盆景的别称。说明当时盆景艺术已经深入到民间。

宋代经历了儒学的复兴，融会道禅哲学的理学和心学先后产生，而盆景艺术发展成人们广泛喜爱的艺术形式，与这一哲学思潮密切相关。

宋代哲学家多强调"观天地生物气象"对于心性修养的重要性，所谓"鸢飞鱼跃皆天趣，静里观之一畅然"，他们要通过明心见性，去体会天地"活泼泼"的生命精神，从而浑然与天地同体。宋代哲学家普遍重视盆景艺术，因为他们把这当作"观天地气象"的手段。周敦颐"窗前草不除"，要借此"观天地生物气象"。

邵雍平生好盆池，他有诗说："尧夫非是爱吟诗，客问尧夫何所为。睡思动时亲瓮牖，幽情发处旁盆池。"②盆池成了他在"安乐窝"中"安乐"的抚慰工具。

他的《安乐吟》诗道："收天下春，归之肝肺。盆池资吟，瓮牖荐睡。"③又有《盆池》诗云："三五小圆荷，盆容水不多。虽非大薮泽，亦有小风波。粗起江湖趣，殊无鸳鸯过。幽人兴难遏，时绕醉吟哦。"④他在盆池的"风波"中吟咏，领略天地生生的趣味, 得到心灵的安顿。

　　强调"万物之生意最可观"的程颢, 将"观生意"落实到平时的行为之中, 他的弟子张九成记载道:"明道先生书窗前有茂草覆砌, 或劝之芟。明道曰:'不可, 常欲观见造物生意。'又置盆池蓄小鱼数尾, 时时观之, 或问其故, 曰:'欲观万物自得意。'"[1]庭草之茂, 可见生机勃勃; 游鱼之乐, 更见心灵的自得。

①张九成《横浦文集》附《横浦日新》,《文渊阁四库全书》本。

　　南宋朱熹酷爱盆景, 尝做一山水盆景, 置于熏炉前, 山水在烟云中飘缈。他有诗道:"清窗出寸碧, 倒影媚中川。云气一吞吐, 湖江心渺然。"(《汲清泉渍奇石置熏炉其后香烟被之江山云物居然有万里趣因作四小诗》) 宋代哲学家将盆景作为观天地生生气象的工具, 这对中国盆景的发展起到了重要的推动作用。

　　中国古代还有通过盆景"寻春"的说法。秦观有《咏盆梅》诗说:"花发原盆妙入神, 静观意思一团真。素花的的

古拙的盆景

盘中玉,皓质盈盈月里人。窗户有香薰醉梦,庭阶无地著闲尘。客来笑谓无多景,那悟满腔都是春。"他由盆梅悟出了"满腔都是春",这个"春",就是造化的生意。

这思想也来自宋代哲学,它是"观生意"的另一种表达。《周易》有元亨利贞四德,解易家以春夏秋冬释之。朱子解释说:"元者,天地生物之端倪也。元者生意,在亨则生意之长,在利则生意之遂,在贞则生意之成。""春"就是"生",就是天地的原创精神。邵雍诗云:"拍拍满怀都是春。"[1]春就是一脉绵延的生生之流。

①《河南程氏遗书》卷二上,二先生语二。

二 些子景中得圆满

中国人于盆景的"小"中,还伸展了当下俱足、充满圆融的思想。

清人厉鹗《盆山小隐园记》谈到盆景时说:"且物之大小,在心不在境。芥子须弥,豪发大千,禅人之所诧焉者也。元平江韫上人植树石于盆盎,谓之些子景。丁孝子鹤年为赋诗,有'气吞渤海、势压崆峒'之语。"[2]

②厉鹗《樊榭山房集》卷五。

"物之大小,在心不在境",这句话关乎中国艺术的核心思想。"境"指的是外在世界,是心对之境。其实人流连园林、盆景等之中,其意并不在这些外在的"物"、"境"之中,而是在"心",在心灵的体会。在人们的心灵转换中,"芥子须弥,豪(毫)发大千",一粒微小的芥子,就是莽无边际的须弥世界,一根毫发就是浩浩大千。

这里牵涉到中国哲学的当下圆满的思想。

中国哲学认为,一花一世界,一草一天国。一朵野花就是一个圆满自足的世界。一朵野花,无绚烂之色彩,属卑下之花种,又处在偏僻的地方,它是有所缺憾的,但中国哲学认为，当下俱足，无稍欠缺，一物就是一个圆满的宇宙。

中国哲学与艺术观念中有"当下圆成"的思想，所谓当下即是圆满，瞬间即是永恒。前一句就空间而言，后一句就时间而言。所谓圆满俱足，不是时空无限性的获得，而是在生命体验的境界中，对时空的超越，不是从物质上看这个世界，而是融入这个世界。你与世界同在，你呼吸着宇宙间的气息，这就是圆满。此时，没有短暂的时间和绵延的永恒的分别，没有局促的当下和广阔的天地的判隔。

禅家以"万古长空，一朝风月"为妙悟的最高境界，一个悟道者，在一个静寂的夜晚，享受山间之清风、湖上之明月，由当下所见一月，想到万里长空，天下是是处处，都由这一月照耀，由此刻，想到自古以来，无数人登斯山、登斯楼、望斯月，月还是以前的月，山还是以前的山，江湖还是以前的江湖。万古的时间和此顷，无限的长空和此在，就这样交织到一起。这里不是做短长之比、大小之较，也不是强调联想的广泛和丰富，而是在渺小和无垠、短暂和绵久之间流转，作时空的遁逃。强调妙悟就在当下，当下即是圆满的事实。

苔痕

李白有诗云:"今人不见古时月,今月曾经照古人。古人今人若流水,共看明月应如此。"月光下今人与古人对话,过去的月,现在的月,时光似在流淌,时光流淌了吗?又没有流淌。正所谓青山不老,绿水长流。禅宗所说的"西方刹那间,目前便见",就是这个意思。

没有这一花一世界、一草一天国的哲学,几乎不可能产生这种见微知著的盆景艺术。

郑孝胥有《花市》诗云:"秋后闲行不厌频,爱过花市逐闲人。买来小树连盆活,缩得孤峰入座新。坐想须弥藏芥子,何如沧海着吟身。把茅盖顶他年办,真与松篁作主宾。"陈从周将其改为"栽来小树连盆活,缩得群峰入座青"[1],以此来形容盆景艺术小的特点,真将盆景的神韵传达了出来。

中国盆景艺术有当下自足的思想。白居易诗云:"拳石苔苍翠,尺波烟杳渺。但问有意无,勿论池大小。"[2]关键是"意",有"意"即足矣。并不在盆池的大小。他的著名的《池上篇》就在申述这一思想:"十亩之宅,五亩之园。有水一池,有竹千竿。勿谓土狭,勿谓地偏。足以容膝,足以息肩。有堂有亭,有桥有船。有书有酒,有歌有弦。有叟在中,白须飘然。识分知足,外无求焉。如鸟择木,姑务巢安。如蛙居坎,不知海宽。灵鹤怪石,紫菱白莲。皆吾所好,尽在我前。时引一杯,或吟一篇。妻孥熙熙,鸡犬闲闲。优哉游哉,吾将终老乎其间。"[3]中国盆景产生之初多为山水盆景,山水在盆盎之间,所谓"些子山",就是当下自足思想的直接反映。没有这一思想背景,不可能形成中国人这种独特的艺术形式。

黄庭坚好盆景,他有《云溪石》诗说:"造物成形妙画工,地形咫尺远连空。蛟鼍出没三万顷,云雨纵横十二峰。清

① 见《海藏楼诗集》,上海古籍出版社,2003年。

②《过骆山人野居小池》,《全唐诗》卷四百三十一。

③《白氏长庆集》卷六十。

坐使人无俗气，闲来当暑起清风。诸山落木萧萧夜，醉梦江湖一叶中。"①江湖中的一叶，就是一个完满的事实。

北宋张邦基曾引《关尹子》"以盆为沼，以石为岛，鱼环游之，不知其几千万里不穷也"的话②，来说明盆景的以小见大的思想，一个盆石，就是一个大世界。为什么一盆小景也可"自足"，关键在于"意足"。

宋楼钥有诗云："山高最难图，意足不在大。尺楮眇千里，长江浸横翠。……近山才四寸，万象纳须弥。欲识无穷意，耸翠更天外。"③哪里在乎大小，小小的盆景置之几案，照样可以给人带来美妙的体验，使人泛江海之思、起山林之想。

赵子昂《水调歌头·和张大经赋盆荷》词说得非常好：

> 江湖渺何许，归兴浩无边。忽闻数声水调，令我意悠然。莫笑盆池咫尺，移得风烟万顷，来傍小窗前。稀疏淡红翠，特地向人妍。　华峰头，花十丈，藕如船。那知此中佳趣，别是小壶天。倒挽碧筒醹酒，醉卧绿云深处，云影自田田。梦中呼一叶，散发看书眠。④

咫尺盆池移来风烟万顷，何曾移来？其实正在人心灵的体验中。盆景艺术创造的是一个充满圆融的世界，在这个"小壶天"中，我自"悠然"，"兴"自无限。

清陈文瑛《盆梅》诗云："移种向幽林，香凝碧缶深。赖君邀月影，使我涤尘襟。小贮雪霜节，远关天地心。一枝春已足，窗外觉寒禽。"⑤一枝盆梅春意"已足"，所谓"只有一片梧叶，不知多少秋声"，一片小小的风景，就是一个大世界，一个自在圆足的乾坤。这是中国人的哲学智慧，也是盆景艺术赖以形成的重要思想基础。

我们可以从古代盆景的几个别称中，看盆景艺术中所体

①《山谷外集》卷十四，《文渊阁四库全书》本。

②张邦基《墨庄漫录》卷三。

③《题范宽〈秋山小景〉》，《攻媿集》卷二。

④此词见《全元词》，唐圭璋编，不分卷。

⑤《晚晴簃诗汇》卷一百八十八。

现的当下圆满的思想。

盆景是一个微型世界，古人并不回避。人们以"些子景"、"弹子窝"、"盆池"等来称呼它，就是强调它的小。正如宋王十朋所说的，它是"藏参天覆地之意于盈握间"。相对于外在世界来说，盆景是以小为其特征的。

元人称盆景为"些子景"，就是小景的意思。当时的僧人韫上人善为盆景，诗人丁鹤年有《为平江韫上人赋些子景》赠之：

> 尺树盆池曲槛前，老禅清兴拟林泉。
> 飞吞渤澥波盈掬，势压崆峒石一拳。
> 仿佛烟霞生隙地，分明日月在壶天。
> 旁人莫讶胸襟隘，毫发才来立大千。[1]

①《鹤年先生诗集》卷三，清光绪刻本。

这首诗突出了盆景小的特点，所谓烟霞隙地、日月壶天、崆峒一拳、大海一掬（澥，即海）等等，都强调小。中国盆景在小中见大，正所谓"一拳石亦有曲处，一勺水亦有深处"（清画家恽南田语）。

清俞樾好古梅盆景，家中常置盆梅，其《盆梅盛开》诗云："衰年不是漫游身，邓尉空传在比邻。盆内偶成些子景，堂前已足十分春。有香赠我真清友，无地容君愧主人。倘得白家园五亩，玉鳞百树已轮囷。"[2]俞樾晚年身体不好，无法去游历真山，于是制盆景为"卧游"。在中国艺术发展史上，盆景与卷轴画一样，最当"卧游"之具。"卧游"思想的延展，是盆景得以发展的重要思想基础。

②《春在堂诗编》辛丑编，清光绪刻本。

文人们又称盆景为"弹子窝"。陆游《八十四吟》中有一首谈盆景诗说："燕脂斑出古铜鼎，弹子窝深湖石山。老去柴门谁复过，天教二友伴清闲。"[3]铜鼎和盆景成为他孤寂晚

③《剑南诗稿》卷七十四。

年的朋友，古铜器斑驳陆离，铜锈似乎掩盖着岁月的风尘，诗人在这里走入历史的幽深，如"燕脂"的斑点给他带来了梦幻迷离。盆景虽小，湖石几拳，诗人却在这里看山河绵延、天地轮转。这就是他的大世界。

这里所言"弹子窝"乃盆景的代称。太湖石多孔穴，人称弹子窝，《云林石谱》有载，后以此湖石做出小景，形成苔石青攒弹子窝的样子，故文人有以"弹子窝"来指代盆景。

盆景又称"盆池"，此一称呼唐代最流行。在园中以盆为池，汲水叠山，以为小景，伴以清葱绿苔，便成景致。杜牧《盆池》诗说："凿破苍苔地，偷他一片天。白云生镜里，明月落阶前。"小小的盆池，真可谓偷来天地一片春。所谓"浩荡春寄于纤枝，清凉月印于盆池"，由此得量上之圆满。

中国文人欣赏盆池，有"盆池足容与，宁识有江湖"的观点。盆池虽小，不如江湖空阔，然江湖凶险，而盆池宁静。深院里的这些盆池小物，避开惊涛骇浪，安顿着人们的心。

其实，小小的盆景就是一个"全"，一个完满的世界。在中国盆景艺术家看来，每一个盆景都是一个"圆"，它是圆满的，无所缺憾的，而不是一个残缺体；它是一个"全"，味味俱足，自身就是一个完整的意义世界。

这里所体现的是对"物"态度的变化，就是变物的拥有，为物的欣赏。重要的不在物本身，而在人心灵的腾挪。宋冯多福《研山园记》中说："夫举世所宝，不必私为己有，寓意于物，故以适意为悦。且南宫研山所藏，而归之苏氏，奇宝在天地间，固非我所得私，以一拳石之多，而易数亩之园，其细大若不侔，然己大而物小，泰山之重，可使轻于鸿毛，齐万物于一指，则晤言一室之内，仰观宇宙之大，其致一也。"一种优游欣赏的态度，破小与大、贵与贱等差等的计较，返归于性灵之悦适。此方为"全"。

宋　佚名(传苏汉臣)　冬日戏婴图　绢本　196.2×107.1厘米

三 "以小见大"非概括

但"小"只是构成中国盆景的形式因素，并不是它追求的目的，中国盆景艺术家根本不是要创造一个小景，那种认为盆景越小越好的观点，是违背中国盆景艺术传统的。这里存在一些理解上的误区。

其中有一个关键性问题就是，盆景艺术的以小见大、以少总多是不是概括？

一般认为，中国盆景是一门"具体而微"的艺术，具有高度的概括性[①]。盆景的以小见大，是在咫尺中见出广袤的山林。这种凝练和概括的观点，表面看来，大体不差，但细究，又见其不然。这种观点所依循的是特殊和一般、部分和整体的思路，如一盆古梅小景，只是山林的隐喻形式，是体现山林气象的个别，或者说是表现更广大世界的一个组成部分，它自身并不具有完满的意义——因为使人们想到更多，所以它才有意义。这样的思路是西方典型概括的思路，并不符合中国的艺术传统。

我们可以通过禅宗"一即一切，一切即一"来辨析这一问题。盆景的以小见大，就包含着"一即一切"的思想。一，不是一个部分；一切，也不是一个总体。存在的意义不是来自于其高度的概括性，存在的意义就在其自身。在这里没有有限和无限的区分，没有一般和特殊的总属关系，也没有全体和部分的分别。真正的圆满是心性的自足，而不是量上的包括。

禅宗有一个比喻："月印万川，处处皆圆。"它几乎含有中国哲学和艺术观念中当下圆满思想的全部秘密。慧能的弟子永嘉玄觉《证道歌》说："一月普现一切月，一切水月一月摄。"也是这个意思。

① 这种观点很流行，如陈植《中国造园史》谈到盆景时说："不论是树木盆景还是山水盆景，务必'小中见大'，达到'缩龙成寸'或'缩地千里'的要求。当然，要达到这些要求，首先要能'大中见小'，然后加以概括和再现。"（中国建筑工业出版社，2006年）

扬州个园小景

　　万川之月，只是一月。这是不是意味天下山山水水中出现的月亮，都由一个月亮统领呢？当然不是，这样的思想，便受到特殊和一般、整体和部分思想的影响。月印万川处处皆圆的思想，是赋予每一物以存在的意义，一朵小花就是一个圆满俱足的世界。

　　上面提到盆景"芥子纳须弥"的说法，如郑孝胥的"坐想须弥藏芥子"的诗句，钱谦益在一首关于盆景的诗中写道："直木风来自古忧，不材何意纵寻矛。群蜉柱撼盆池树，积羽空沉芥子舟。"①

　　须弥芥子的说法本出佛门，"芥子"，形容其小，"须弥"，即佛教中所说的妙高山，是想象中的天国，形容其远和大。这远而大的妙高山，被囊括在一颗芥子之中。在佛教中，

宋　苏汉臣　百子嬉春图页　绢本　北京故宫博物院

芥子当然不是须弥山的概括，不是将无限体量的须弥山凝练在这个"小"中，其要点是这个"小"本身就具有自足的意义，即芥子即须弥。

正因此，上文所说的盆景的"自足"意义，并非是物的形式的自足，"万物皆备于我"，从物的拥有上说，万物是无法为我所拥有的，而是心灵的拥有。自足不是体量上的包括，而是心灵的腾挪，不是拥有物，而是对物的否弃。在一定程度上可以说，正是因为对物的超越，才能真正的"自足"。

自足也不是说让人叹为观止，而是使人到此心安，自足说到底是心灵的慰藉。陆游《盆池》诗这样写道："门外江涛涌雪堆，埋盆作沼亦何哉？儿曹不解渠翁意，新脱风波险处来。"[1]门外大江相临，有江涛涌雪，何必做一个小小的盆

①陆游《剑南诗钞》，见《宋诗钞》本。

池？诗人说，你哪里知道我的心，我正是从世界的惊涛骇浪中来，尘世滚滚，到处风烟，我唯在这一席几案之间，面对小小的盆池，将我惊恐的心安顿。这就是"自足"。

李渔说："幽斋累石，原非得已，不能置石岩下和木石居，故以一拳代山，一勺代水，所谓无聊之极思也。"（《闲情偶寄》卷九《居室部》）人生活在尘世中，有各种各样的束缚，盆景家的山林之想，是要挣脱现世的束缚，胸中有超越的冲动，李渔所谓"原非得已"，借盆景来表达。"无聊之极思"，指心中有一种无可奈何的寂寞，并不是生活的不舒心、不畅快，而指心灵的超越梦想无法得到伸展，所以要垒出自己的"山林"，虽不下堂席，而坐拥世界，一拳代山，一勺代水，使得群山绵延，绿水迢递，都在目前。

由此看来，盆景艺术中所说的以小见大，不是由较小的空间推展到更广阔的空间，由眼前的物想到不在眼前的物，那是简单的联想，而在于心性境界的扩大。古人所谓"峰峦窈窕，一拳便是名山；花竹扶疏，半亩如同金谷"，所谓泉石膏肓，当下即足。

宋陈与义《盆池》诗云："三尺清池窗外开，茨菰叶底戏鱼回。雨声转入浙江去，云影还从震泽来。"[1]小小的盆池竟要卷风雨，幕云烟，游鱼自乐，也带来了心灵的怡然，叶底波声荡起的是心灵的涟漪。魏源诗云："自笑盆池里，濠鱼任往还。"[2]这就像东坡"君看古井水，万象自往还"诗一样，从容往来的，岂止是盆池里的游鱼。中国哲学最重视这一点，所谓"万物皆备于我"，说的就是心性扩大的问题，用中国哲学的话说，叫做"求放心"。中国的盆景就是"求放心"的媒介。

① 《简斋集》卷十五。

② 《魏源集·古微堂诗集》卷八。

盆景最容易使人想到微缩景观的问题，这是需要认真辨析的。

18到19世纪，西方有些人在初接触中国和日本的盆景时，常常称其为微缩景观，他们将盆景理解成这样一种艺术：将山石和树木缩小到一个可以容纳的盆子里，控制它的成长，甚至尽量选择一些矮化的植物，从而创造一种山林面貌的微型化景观。

这种观点在今天的中国也比较流行。人们常常注意到盆景的"缩"的特点，盆景艺术界常说"缩地千里"、"缩龙成寸"、"缩得群峰入座青"，把大自然的美浓缩到一个小小的盆子里去，从而咫尺千里，以小见大。今天我们对城市中的微缩景观倒不陌生，像深圳的世界公园和北京的中华民族园等，都是将真实景观按比例缩小，从而使人在很短的时间里领略丰富的景色。

我们说的盆景，是一种艺术形式，是艺术家的独特创造。这里要区分几个概念。一是"盆栽"，盆栽或可能是盆景的前身，作为一种艺术形式的盆景由盆栽发展而来，但又与盆栽有区别。盆栽还称不上艺术品，而盆景是艺术是心灵的创造，是艺术家独特体悟的产物①。如今藏于美国波士顿美术馆的南宋苏汉臣（1094—1172）的《妆靓仕女图》纨扇小品画，画一女子于妆镜台前对镜而坐，前妆台上有花瓶，瓶中有插花，此谓"瓶花"。而其身后的低案上放着两盆花，此非严格意义上的盆景，只能称为"盆栽"。

一些通过矮化方式培养出的植物，放到盆子里，如人们熟悉的金橘，与真正的盆景艺术毫无关系。如我们不能认为在盆子里插一枝梅花活了，就是盆景了，这充其量只能称为

①将"盆栽"与"盆景"严格的区分比较困难，宋人就有将这个概念混淆的现象。"盆景"可以说是"盆栽"的艺术化。清人陈淏子《花镜》一书卷二有"重盆取景法"一节，其中谈到"盆栽"之概念："果木之宜盆者甚少，惟松柏榆桧、枫橘桃梅、茶桂榴槿、凤竹虎刺、瑞香金雀、海棠黄杨、杜鹃月季、茉莉火焦、素馨枸杞、丁香牡丹平、地木六月雪等树，皆可盆栽，但须剪栽。"但若达致"盆景"之艺术，尚需斟酌其构图，增加其配景，利于创造某种境界。

简单的"盆梅"。

瓶花，产生的时代可能更早。唐宋时瓶花作为一种陈设已经很普遍，后来的插花艺术便由此发展而来。插花也是一种独立的艺术，它与盆景有关系，但又有不同。插花是由既有的树木花卉上剪下枝条或花朵，插在瓶中，从而装饰室内。并非是"栽"而使之活。像南宋纨扇小品《胆瓶秋卉图》，图中唯画一瓶，瓶中插有秋花。这是瓶花，而非盆景。

而南宋时的《盥手观花图》中，长案前后有一高一低两个香几，香几上各有一瓶花，属当时的插花艺术，一密叠，一疏朗。这也是瓶花，而非盆景。

瓶花、盆栽、盆景这三个概念既有联系，又有区别。古人对此是有认识的。

《清稗类钞·农商类》曾记载："光绪时，山东潍县某生自欧洲考察农业而归，乃发明一种植物法，使各种花果树木，皆可令其生机缩小。芭蕉桃李各树，最长者三寸余，即能生花结子。尤奇者，有如弹丸大之西瓜，如橄榄大之佛手，且可以酒杯种莲花，小盆栽垂柳。"这样的盆栽是不能称为艺术的。

清人刘銮（舆父）《五石瓠》有"盆景"之论："今人以盆盎间树石为玩，长者屈而短之，大者削而约之，或肤寸而结果实，或咫尺而蓄虫鱼，概称盆景。"①这一段话被盆景界广泛征引，其实这里所说的盆景，有很多也并不能称为艺术作品。

盆景不是微缩景观，它表现的是感觉中的世界，是一种夹带着人的感情和对世界理解的艺术形式。从形式上也可看出，它不是山水的一个截面，不是一段山水，而是一个活的世界，它自身就是一个整体。好的盆景如一首诗、一幅画。中国的盆景是写意的艺术，正像前引杜牧《盆池》诗所说的

①《五石瓠》一卷，世楷堂刻本。俞樾《茶香室丛钞》卷十曾引此语，有删改。

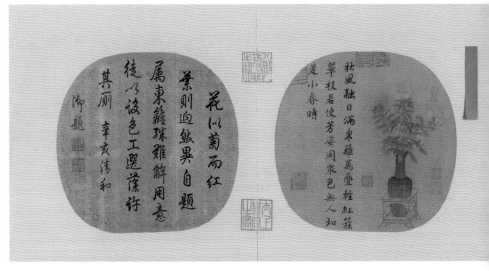

宋　佚名　胆瓶秋卉图　绢本　北京故宫博物院

元　佚名　插花图　纸本设色　154×97.5厘米　普林斯顿大学美术馆

"凿破苍苔地，偷他一片天。白云生镜里，明月落阶前"，小小的盆池，就是一个宇宙，是记载艺术家独特体验的天地。

明人夏言《减字木兰花》（咏盆池荷花）云："圆荷的

①见《赐闲堂词》,
《全明词》收录。

历,一朵高花围众碧。承露团团,绝胜仙人掌上盘。 孤妍绰约,未数千葩并万萼。幽意谁知,小小盆池也自宜。"① 人们在小小的盆景中,感觉到的是心灵的怡然,这和所谓微缩景观了不相类。

如盆景艺术家苏伦的一件雀梅小制作,从盆子、盆架和盆之中景三个方面都有非常细致的考虑,白色的盆子下有右边空设的朴实的木架,绿茵茵的雀梅在白色的盆体中非常显豁,雀梅在左侧向下绵延,直达于高架之底端,势向左行,右方极空,突出树枝向下倾泻之势。茸茸的细叶在下倾的枯枝间形成连绵的绿流。这绿流优雅而缠绵,恍惚间,似能听到叶间轻轻流淌的声音,就像一曲美妙的乐曲从枝叶间传出。虽是个小景,却传达了艺术家缠绵悱恻的心曲。这不是微缩景观,它就是浑全的小宇宙。②

②见《中外盆景名家作品鉴赏》,中国农业出版社,2002年。

雀梅盆景　苏伦制

第八章 盆景之"拙"

19世纪下半叶，法国商贸团中一位叫莱纳德（M.Renard）的学者在广州见到中国的盆景，他对这种从未见过的盆栽植物很惊异，将其称为"可怜的植物"。在他的眼中，这些盆景只有几英寸高，一副病怏怏的样子，很可怜，树皮被剥去，枝干被盘得扭来扭去，没有生气的树上只有几片黄黄的叶子——要命的是，中国人竟然认为没有树叶的树反而更美，它们的形象与美的原则完全相反，他真不明白中国人怎么会喜欢这样的东西[①]。

初见盆景的西人有这样的观点倒不奇怪，但直至今天，在中国，仍然有一些学者认为，中国美学是一种病态的美学，像中国山水画的枯山瘦水，园林的假山等，都是一种病态的不健康的形式。有的学者将中国盆景的审美标准概括为枯、老、曲、病，认为它奉行的是一种追求丑的病态的美学观[②]。

这样的观点是很难成立的。中国盆景艺术所追求的不是病态，而是生机勃勃的活意，其中包含中国人深沉的生命感受。为了理解这一问题，我们先由中国重古拙的美学思想谈起。

[①] M.Renard, *Chinese Method of Dwarfing Trees*, Gardeners' Chronicle, Vol.6, 1846. 这则资料引自李树华先生《中国盆景文化史》，中国林业出版社，2005年。

[②] 如《中西古典园林比较》，天津大学出版社，2003年。

　　看今藏于北京故宫博物院的仇英的《汉宫春晓图》一段中那座古梅盆景，被置于大片的空阔之所，须弥之座托起一个花盆，盆中的老梅枝干，似树又似太湖之石，嶙峋老朽，苍苔历历，然而竟然从此古拙苍莽之无生之物中绽放出娇嫩而鲜艳的红梅，点点绰约，其"秀"气与老木的"拙"味构成鲜明的对比，苍古中的秀出，正突出中国艺术中着意的思想。

一　重"古拙"是中国艺术的传统

　　中国人对枯藤、老木、顽石等有一种特殊的情感，艺术家在深山古寺、枯木寒鸦、荒山瘦水中，追求生命的韵味，书画家喜欢在枯笔焦墨中追求"干裂秋风"式的境界，西方有些学者将中国园林假山称为"一些古怪的胡乱堆积起来的破石头"，中国人却认为其中包含着无限的美感。可以说，中国人发现了枯槁的美感。

　　从美感上看，并非葱茏和秀丽才能带来美的享受，古木寒林照样能给人美的愉悦，笔尖寒树瘦，墨淡野云轻，也不失为一种美的境界。就像我们欣赏颐和园里的园中园——谐趣园的景色，夏天的绿意盎然使你心旌摇荡，而冬天的萧瑟

明　仇英　《汉宫春晓图》中的古梅盆景

景观,也楚楚有风致。我们可以欣赏夏日荷花的葱绿活泼,
水面清圆,一一风荷举,那珠圆玉润似乎在心中滚动。但枯
荷也别有一番妙境。秋天到来,晚来风急,一池败荷,令人心
乱。寒月当空,疏影扑地,枯荷历历,也有独特的美感。"留
得枯荷听雨声",就是一种高妙的境界。这种种境界,在中
国古代有一个词形容它,叫"古拙"。

颐和园谐趣园的冬景

老子说："大巧若拙。"这是中国哲学的重要思想，这是中国美学的一条定律。

大巧，是最高的巧；拙，是不巧。最高的巧看起来像是不巧。大巧，或者说是拙，不是一般的巧，一般的巧是凭借人工可以达到的，而大巧作为最高的巧，是对一般巧的超越，它是绝对的巧。

苏东坡说："绚烂之极，归于平淡。"中国艺术以这种天真平淡之美为重要追求。虽然"淡乎其寡味"，却有大美藏焉。

中国艺术反对匠气，大匠不斫，最好的雕镂是对匠气的超越。所以有"古人不作"的说法。人们讽刺那些重视工巧的人，为满身"匠气"、"俗气"、"火气"、"甜腻气"。

董其昌论艺术，将重视工巧之类的画家称为"行家"，将通过妙悟的独特体验的画家称为"利家"。他说："吾此门中，唯论见地，不论功行，所谓一超直入如来地。"在他看来，艺术凭借的是一种悟力，没有这种悟力，尽管勤勤恳恳，亦步亦趋，费尽心机，终是和真正的艺术绝缘。如董其昌并不反对仇英的画，认为他很用功，但正是这一点让他感到惋惜。他指出仇英之辈"刻画谨细，为造物拘"，用心太苦，绘画本来是一种很有乐趣的事，在他则变成了一种苦活儿，这种全凭工力的画，和文人画的意趣是相违背的。所以他有时将这类画家归为"习者之流"，太工巧，过于倚重人工，人的悟性就隐而不彰了。

中国艺术重枯境，山水画的天地，以枯山瘦水为主要面目。园林有假山，这些看起来没有生机的石头，在中国人看来，却蕴涵着葱郁的生命。假山于瘦淡中追丰腴，在枯槁中有韶秀。书法家却喜欢追求万岁枯藤的境界。清吴历说："画之游戏枯淡，乃士夫之脉，游戏者，不遗法度，枯淡者，一树一石，无不腴润。"（《墨井画跋》）在他看来，游戏枯淡，成为艺术家的追求，因为在枯淡中有丰腴的生命。

苏东坡有一幅《枯木怪石图》，他不画茂密的树木，却画枯萎衰朽的对象；不画玲珑剔透的石头，却画又丑又硬的怪石。这是为什么呢？黄山谷说："折冲儒墨陈空堂，书入颜杨鸿雁行。胸中元自有丘壑，故作老木蟠风霜。"他认为，苏轼画出了一种"散木"的智慧。

"外枯而中膏，似淡而实浓。"苏轼这句话可以帮助我们理解他为什么喜欢画枯木的因缘。枯树本身并不是美的形式，没有美的造型，没有活泼的枝叶，没有参天的伟岸和高

明　董其昌　山水册页十一开之三

宋　苏汉臣　货郎图　绢本设色

大，此所谓"外枯"。但它却具有"中膏"——丰富的内在含蕴。它的内在是丰满的，充实的，活泼的，所谓"画中不信有天机，细向树林枯处看"。因为在中国哲学看来，稚拙才是巧妙，巧妙反成稚拙；平淡才是真实，繁华反而不可信任。生命是一顿生顿灭的过程，灭即是生，寂即是活。

大巧若拙的拙，并不意味着枯寂、枯槁、寂灭，而是对活力的恢复。老子并不是一位怪异的哲学家，只对死亡、衰朽、枯槁感兴趣，老子认为，人被欲望、知识裹挟，已经失去看世界葱郁生命的灵觉。老子拙的境界，就是一任自然显现，如老子关于婴儿的论述，他具有一双鲜亮的眼睛，富有活力，纯真无邪，用这样的眼睛看世界，世界便会如其真，如其性，如其光明。像庄子所说的，拙恢复了生命的活力，如初生牛犊之活泼，在拙中，恢复了光明，如朝阳初启，灵光绰绰。

二 古拙苍莽 盆景本色

中国盆景的审美趣味，正是在这独特的哲学和艺术传统基础上形成的。

听听清人沈朝初对江南风物之美的吟咏，他的《忆江南》写道：

> 苏州好，小树种山塘。半寸青松虬干古，一拳文石藓苔苍。盆里画潇湘。[①]

① 据清顾禄《清嘉录》卷六所引。

一拳文石藓苔苍的古松盆景，就是绝妙的人间图画，哪里有半点可怜兮兮的病容。

清康熙时词人龚翔麟《小重山》咏盆景词道：

三尺宣州白狭盆。吴人偏不把、种兰荪。钗松拳石叠成村。茶烟里，浑似冷云昏。　　丘壑望中存。依然溪曲折、护柴门。秋霖长为洗苔痕，丹青叟，见也定消魂。[1]

①龚翔麟，字天石，康熙时著名词人，此词见其《红藕庄词》，收在《全清词》中。

盆盎里没有葱翠的植物，却栽上嶙峋虬曲的古松，古松握着拳石，石隙间布满了苔痕，这是中国人心目中绝美的图画，是令人"销魂"的艺术，中国人爱这样苔痕历历的古拙盆景已深入骨髓，怎是病态可以概括！

中国盆景自宋代发展至今，历经变化，但有一个根本的追求不变，这就是对古拙的追求。

赵伯驹（1120—1182），宋南渡之后的宫廷画家，颇为宋高宗所赏识。他的《蓬莱仙馆图》纨扇小品，画面虽小，所画内容颇繁复。画面正面临水处有怪石嶙峋，向上水榭旁有浑朴的古亭，亭中案台上有瓶花。正对亭子的台阶下有一古松盆景，体量颇大。古松的形制苍莽飞动，松皮如龙麟片片，松的末端下探，如龙潜水。古松盆景两边对称放有两瓶花，此位可以说一画之点景处，突出盆景的重要位置。由此也可看出盆景在南宋时的地位。

在元代李士行的古松图中，就可以看出一段奇崛的古松，根部依傍着形态古异、满布孔穴的怪石，由此显露出苍茫古拙的意味。

中国盆景尚古拙的传统是在两宋之际就确立的。两宋时流行的古松、古梅、石菖蒲等，无不崇尚古拙。明人屠隆说："盆景以几案可置者为佳，最古雅者，如天目之松，高可盈尺，本大如臂，针毛短簇……令人六月忘暑。"[2]他认为古松有一种古淡幽雅的美。配盆等也要追求古雅，好的盆树"更须古雅之盆、奇峭之石为佐"。

古梅盆景是文人最喜爱的形式之一，后成为徽派盆景

②屠隆《考槃余事》之《盆玩笺》。

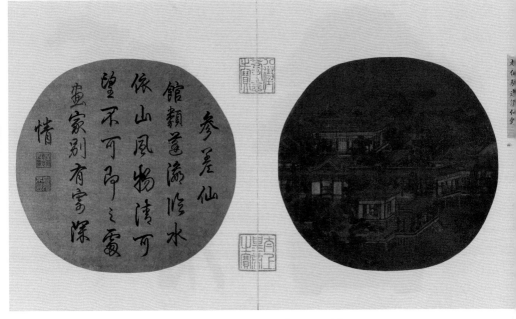

宋　赵伯驹　蓬莱仙馆图　绢本

的重要特点。明文震亨说："古梅苍藓，鳞皴苔须垂满，含花吐叶，历久不败者矣，亦古。"[①]松要古淡，梅也要奇古，古梅苍藓，大有拙意。清人金农有诗咏古梅道："老梅愈老愈精神，水店山楼若有人。清到十分寒满把，始知明月是前身。"这位晚年极爱画古梅的画家最爱梅花古拙苍莽的韵味。

　　唐代以来，文人有养石菖蒲的风习。石菖蒲是菖蒲和石相依偎的艺术，一盆案间的石菖蒲，微波淡淡，绿意盈盈，真是清泉碧缶，古趣盎然。苏轼说："石菖蒲并石取之，濯去泥土，渍以清水，置盆中，可数十年不枯。虽不甚茂，而节叶坚瘦，根须连络，苍然于几案间，久而益可喜也。"[②]

　　张耒描写他案头的石菖蒲说："爱有瓦缶，置水斗许，间以小石，有草郁然，俯窥其根，与石相结络没，其生意畅遂，颜色茂好。"[③]人们爱石菖蒲，爱它在古趣中透出的生机。

① 《长物志》卷二。

② 《苏轼集》卷十八。

③ 《石菖蒲赋》并序。

真柏盆景　　　　　　　　　　　　　印度榕盆景　周木采制

　　中国盆景艺术在发展中形成很多流派，如扬派、苏派、岭南派、徽派、闽派等，流派纷呈，但有一个共同点，都表现出对古拙风格的挚爱。

　　如苏州的树桩盆景很有特色，树干多枯拙，小枝必虬曲，枝叶参差，颇见嶙峋之态。苏派利用榔榆所做的盆景，也多体现出拙态。王鏊《姑苏志》有云："虎丘人善于盆中植奇花异卉、盘松古梅，置之几案，清雅可爱，谓之盆景。"

　　扬派的盆景多选怪石老木，追求枯润之美。徽派的古梅颇著名，追求古傲苍劲的风韵。

　　福建盛产榕树，所以闽派盆景也多在榕树上做文章，气根丛错，干根一体，树干摇曳多姿，风格古淡。看这样的盆景，真能起一种历史的沉思。

　　中国盆景追求古拙之趣，不是病态，它通过古拙要表现世界的真实。宋人戴昺盆梅诗中有"剥尽皮毛真实在"的诗句，剥凿梅枝，剥去的是一个表面上华丽的喧嚣的表相，它不是世界的本相。盆景艺术是要刊落浮华，直击本相，由幻及真。

不是盆景艺术家独爱老根，在盆景艺术的形成期，艺术家就深知，要从本根上反映世界的秘密，在几乎死寂的形式中说新生，说一个生生世界的真实相。竹冷秋窗净，石瘦盆池清，盘曲古梅影，悠然扣我心。好的盆景给人心灵的宁定，一缕案头的清芬，可以斥退外在的滚滚风烟。其实我们在现代盆景艺术家周瘦鹃的盆景中，就能感受到这种凛凛清气。

南宋萧德藻《古梅》诗云："百千年藓著枯树，一两点春供老枝。"正像本文前面所举的那位法国学者所说的，中国盆景常常是几片嫩绿鹅黄的叶，与苍老虬曲的古枝形成强烈的对比。枝愈枯愈好，叶愈嫩愈佳。叶是当下的鲜嫩，枝是百千年的老枝，古淡和秀润就这样结合到一起，将当下的鲜活糅进了历史的幽深中，从而寄寓人们独特的历史感、宇宙感和人生感，体现了中国人对生命的认识。

中国哲学有一阳来复的观念，《易传》上说："复，其见天地之心乎！"天地是个生生不息的宇宙，生命是不可绝灭的，由春到冬，又由冬到春，无往不复，循环不已，这就是"天地之心"——宇宙生命的核心精神。

《周易》有复卦，五阴一阳，一阳爻居五阴爻之下，有一阳来复之象，象征萧瑟冬后又一春，一缕阳气，就是生命的种子。所以，儒家特别推崇复卦的这种精神。程颐说："生意闿然，具此全美。"所谓"闿"，就是枯杨生华，于沉寂中的跃起，体现强烈的生命力，洵为宇宙中至美之物。中国艺术于枯拙中追求新生的观念，正受到这种哲学思想的影响。

中国人欣赏古拙，并非是欣赏反常的美。在中国美学看

水梅盆景

盆景

来，体现出生生之意的美才是真正的美。就盆景来说，我们可以想象，紫色的钧窑瓷盆里有湖石几许，一枝古梅盘旋，展现其婉转而流丽的身姿，虬曲的枝头，但见得几朵粉白色的梅花浅斟慢酌，散发出淡淡的幽香，这香气如同一团轻雾在叶间徘徊，又像是在你的心中轻轻地打开一帧画卷。难道这样的景致和气象就只能以"丑"来概括？什么是美，美难道就必须如牡丹一样艳绰、芍药一样芊绵？

三 盆景的苔痕

中国盆景艺术家对苔痕的喜爱几乎到了痴迷的地步，可以这样说，没有苔痕，几乎就没有盆景艺术。

青苔是中国盆景的重要元素，古代盆景艺术家说：盆景无青苔，如人未穿衣。盆景制作要选根、置盆、培土，栽种之后又要铺苔、置石、缀草等。青苔是盆景中不可缺少的。

陈淏子《花镜》卷二说："凡盆花拳石上，最宜苔藓。"甚至有人说，没有苔痕，何以称盆景？

"百千年藓著枯树"是中国盆景的典型面貌，石罅里，土坡旁，或有或无地着了些许苔痕，正所谓"一拳文石藓苔苍"。而老梅古松，苔痕历历，石缝盆缘，莓痕隐约，使人感到一剪霜风，漫天清意。

辛弃疾有《念奴娇》词云："是谁调护，岁寒枝、都把苍苔封了。茅舍疏篱江上路，清夜月高山小。"[①]细雨蒙润，晨露轻沾，湿湿的苔痕在光影中滑动，闪烁着迷离恍惚的光，此非凡常美感所及。前人形容盆景的境界时说"白石为几席，月露明苍苔"，真有勾魂摄魄的美。

中国盆景理论也对苔痕给予特别的注意。陈淏子《花镜》卷二说："须以极细棕丝缚吊，岁久性定，自饶古致意

① 见《稼轩长短句》卷二，此词为题古梅之作。

①此书1688年刊
刻，见卷二《种盆取
景法》。

②《老圃良言》一
卷，道光十一年（1831）
刻本。

③《盆景》一文，此
文收在明王象晋的《二
如亭群芳谱》。

④《袁宏道集》
卷十六《瓶花斋集》
之四。

矣。凡盆花拳石上，最宜苔藓，若一时不可得，以角泥、马粪和匀，涂湿润及枝丫间，不久即生，俨若古木华林。"①

明末清初艺术家巢鸣盛《老圃良言》说："仍将大枝截去，以蜜涂之，虫巢其上，自饶古意。复以马粪和泥，掩其润处，或用鱼腥水浇之，便生苔藓，尤助野趣。"②

明人吕泰初也说："老干婆娑，疏花掩映，绿苔错缀，怪石玲珑。"③如此，才能算得上真正的盆景艺术。

盆景中的苔痕，是这门艺术中微妙的点缀。苍苔对于盆景来说，至少有两点值得注意：一是静谧幽深，一是时间的超越。就前者而言，青苔历历是人迹罕至的结果。王维对青苔有特别的注意，他的"空山不见人，但闻人语响。返景入深林，复照青苔上"诗，写青苔在微光下闪烁着梦幻般的影，突出境界的静谧和幽深。而"轻阴阁小雨，深院昼慵开。遥看苍苔色，欲上人衣来"，写得更神秘，真是苔痕梦影。一个细雨中的上午，诗人在阒寂的小院里，望着深幽的院落，忽然感到青苔的绿意向他袭来，简直要将他席卷而去。其实，中国盆景艺术家就想创造这种深幽寂寥的境界。

就后者之言，一段枯木、一拳顽石，着些许苔痕，如同从上古而来的青铜器上布满了斑斑锈迹，使人油然而生一种时间的感叹。盆景界有"苔封"的说法，所谓"盆池清浅薄苔封，弱竹丛丛个影重"④，"苔封"一如"尘封"一样，点缀在枯枝和顽石间，如同护持一段遥远的过去，古趣盎然。斑斑苔痕在小小的盆景中蔓延，似乎从人的心里爬过，给人一种似幻非真的感觉，这真是梦一般的苔痕。

《扬州画舫录》卷二记载当时扬州人养盆景，喜欢以青苔铺垫，"其下养苔如针，点以小石，谓之花树点景"。将苔痕盆景称为"花树点景"，这说法真好，就如同中国园林喜欢斑斑点点的白皮松一样，其实就是重在给人似幻非真的感觉。

明 陈洪绶 人物图 绢本 118×55厘米

古人有"看落花，补苍苔"的说法，苔痕上阶绿、浸闲房、缘古树，星星点点，似有若无，又有落花飘至，正是落花流水春去也，苔痕历历昭无垠。昔年移柳，依依汉南；今看摇落，凄怆江潭。树犹如此，人何以堪。感物兴怀，不能已已。盆景的苔痕有艺术家悠远的寄托。

李渔说：

> 苔者，至贱易生之物，然亦有时作难：遇阶砌新筑，冀其速生者，彼必故意迟之，以示难得。予有《养苔》诗云："汲水培苔浅却池，邻翁尽日笑人痴。未成斑藓浑难待，绕砌频呼绿拗儿。"然一生之后，又令人无可奈何矣。[①]

①《闲情偶寄·种植部》。

悉心养苔，但苔痕起，却勾起了自己无可奈何的感受。对于中国艺术来说，苔痕哪里是一种绿色的附地而生的植物，它意味着生命的叹息。叹时间之绵长、人生之短暂；叹生命之无常，命运之难以把捉。

宋吴文英有《花犯》词，写除夕夜友人送来盆梅之事，上半阕有云："剪横枝，清溪分影，翛然镜空晓。小窗春到。怜夜冷嫦娥，相伴孤照。古苔泪锁霜千点，苍华人共老。料浅雪、黄昏驿路，飞香遗冻草。"[②]看到苔痕历历的古梅，他说是"古苔泪锁霜千点"，就中抒发的就是岁月流逝、生年不永的叹息。

②《梦窗词》，见《彊村丛书》集评本。

值得注意的是，这种满布苔痕的盆景在中国、日本、朝鲜半岛流行，其实有佛教的色空思想因素在，这也是东亚文化的共同基因之一。盆景的流行显然受到刊落表相、直透本真的哲学思想影响。我们看到的世界是不真实的，艳丽葱翠原非长物，即使是铺天盖地的芭蕉，顷刻间也会消失得无影无踪。大美不言，真水无香，无一物中无尽藏。中国人要到水

盆树

扬州瘦西湖盆山

落石出处求真实，到生命的最低处寻意义。如花美眷，也会随似水流年去，而这带着苔痕梦影的幻境，使人的性灵得到超脱。

老树和苔痕，不是病态，记载的是中国人生命的叹息。

四　如何理解盆景的"病姿"

植物盆景制作，不能任其生长，必须要塑形。盆景艺术家使出种种手段，对植物进行改造。一个好的植物盆景制成，少不了要经过截断、捆缚以及不断的修剪等过程。前人有诗云："体蟠一簇皆心匠，肤裂千梢尚手痕。"[①]体蟠，指捆扎树枝。肤裂，指凿削树皮留下的裂痕。千梢尚手痕，指树的小枝经过捆扎修整后留下的人工痕迹。一件植物盆景做成，植物真是备受折磨。

这种制作方式不仅受到一些西方学者的诟病，在中国古代，也有不少人对此提出异议。龚自珍的《病梅馆记》就是其中最为著名的文字：

> 江宁之龙蟠，苏州之邓尉，杭州之西溪，皆产梅。或曰："梅以曲为美，直则无姿；以欹为美，正则无景；以疏为美，密则无态。"……有以文人画士孤癖之隐明告鬻梅者，斫其正，养其旁条，删其密，夭其稚枝，锄其直，遏其生气，以求重价：而江浙之梅皆病。文人画士之祸之烈至此哉！予购三百盆，皆病者，无一完者。既泣之三日，乃誓疗之：纵之顺之，毁其盆，悉埋于地，解其棕缚；以五年为期，必复之全之……

龚自珍是借盆景的捆缚来写当时万马齐喑的思想状况，

① 何应龙《橘潭诗稿》中有《和花翁盆梅》。

渴望思想的解放和个性的自由。类似的说法还有不少。李渔也说："予性最癖，不喜盆内之花，笼中之鸟，缸内之鱼，及案上有座之石，以其局促不舒，令人作囚鸾絷凤之想。"[1]

清康熙时的著名诗人徐倬有词云："盆盎原无霄汉姿，可怜稚子正当时。连昌岁久森如束，那及灵和杨柳枝。"[2]欧阳修写笼鸟诗中有"始知锁向金笼听，不及林间自在啼"，这首诗表达的意思与其颇相类。其实，这样的观点在今天仍然引起人们的共鸣。

就思想史而言，龚自珍等的论述是有价值的。但我认为，这类说法并不属于讨论盆景艺术的范围。我们不能将龚自珍等的比况之说，当作对盆景艺术的批判。因为它们并不是专就盆景艺术而论，也不符合中国盆景发展的实际。

龚自珍说，一市盆梅皆有病，那么不病者恐怕就只能是"天梅"——未经人工"盘剥"过的梅，难道我们要提倡一种不能修整的园艺观？至于说造成"病梅"之"祸"在于文人画士的怪癖，如果说这是怪癖的话，恐怕是整个中国艺术的怪癖，即如以曲为美而言，就有深厚的文化哲学因缘。今天甚至有论者将盆景和裹小脚相提并论，认为是应该抛弃的国粹，附和一些对中国文化怀有偏见的西方学者的观点，这样的看法是没有说服力的。

中国文化有泛爱万物、顺应自然的思想，盆景的制作过程与这种思想有冲突。不少论者谈到了这一点。道光时诗人郑献甫有诗道："种树厌盆花，驯禽厌笼鸟。玩赏必咫尺，所见亦何小。"[3]诗人从爱惜自然生命的角度，反对盆花笼鸟之类的束缚。这就像郑板桥《潍县署中与舍弟墨第二书》中所说的："平生最不喜笼中养鸟，我图娱悦，彼在囚牢，何情何理！而必屈物之性，以适吾性乎？"

清代皇室奕询诗说："移根植盆盎，原期凭揽便。孰意

[1]《闲情偶寄·居室部》。

[2]据徐方虎《水香词》，《全清词》收录。

[3]见其《补学轩诗集》，《晚晴簃诗汇》卷一百三十八收录。

①见其《偬月斋诗集》，《晚晴簃诗汇》卷八收录。

几案间，风露难周遍。灌注恃汲泉，憔悴可立见。殷勤费栽培，人意岂非善。百卉恶怫情，读读郭驼传。"①道家哲学反对人为的侵害，强调自然而然，这里举郭驼种树之事，强调依顺自然之道。

这方面的观点是有它的合理之处的，盆景制作过程的确有伤害自然原性的倾向，它引起人们的惋惜和爱怜之心也是自然的。但是，不可能让自然原样不动就是爱自然。以道法自然为根本原则的中国艺术，强调顺应自然，以自然为最高原则，并不代表保持自然的原样。即使像周敦颐那样的强调顺天理的哲学家，他建筑新居，也要让人们除去道边草树，只不过嘱咐不要伤害其他不必要的树木。如果原样不动，人类将住在一个荒原上。这样的爱护自然，其实是一种伪自然主义。我们不能以"扫地恐伤蝼蚁命，爱惜飞蛾纱罩灯"之类的佛教惜生观念来看盆景、园林艺术。否则，园林艺术就应该停留在"荒野"的程度，就是最自然的。这不符合中国文化的发展特性。

中国盆景的修剪在唐时就有流行。如李贺《五粒小松歌》："绿波浸叶满浓光，细束龙髯铰刀剪。"②做松树盆景，以细绳捆束松枝，使其蜷曲有状，又有剪刀剪其滋蔓而繁鬣处。这是必不可少的。

②《五粒小松歌》，《全唐诗》卷三百九十三。

中国艺术强调"虽由人作，宛自天开"，也适应于盆景。周瘦鹃说：盆景制作六分自然，四分人工，其实人工的结果也要做出自然之势，人工即自然。中国盆景是艺术家的创造，它是人所"做"出来的，但在"做"的过程中，始终坚持的原则，其实就是遵循自然，淡去"人工"的痕迹。盆景制作不是为了伤害自然，而是以自然为最高原则，体现自然的生意、自然的活力，彰显自然的活泼精神，这一直是盆景艺术家所追求的。

值得注意的是，真正的中国盆景艺术不是要对鲜活的树木进行凌迟，而是要在濒于绝灭的枯枝烂木中，培养生的因素，展现生命永远不可消失的精神。盆景艺术家制作盆景一般会寻找一些老树根，有的甚至是数百年的老根，有的是等着入灶就火的废料，通过艺术家的精心培植，细心呵护，最后枯杨生华，显示出生命来。盆景艺术家是要在枯老的树木中寻找活意，而不是将鲜活的树木折磨成枯朽。

明屠隆谈到枸杞盆景时说："当求老本虬曲，其大如拳，根若龙蛇，至于蟠结柯干苍老，束缚尽解，不露作手，多有态若天生然。"①老树枯根，经过艺术的神手，让它显示出生机，而且"不露作手"，不留下一丝人工痕迹，如天然所生，所谓"既雕且琢，复归于朴"。

屠隆还说："如闽中石梅，乃天生奇质，从石本发枝，且自露其根樛曲古拙，偃仰有态。含花吐叶，历世不败。苍藓鳞皴，封满花身。苔须垂或长数寸，风扬绿丝，飘飘可玩。烟横月瘦，恍然梦醒罗浮。"②

康熙时的赵俞有诗说："当其剪截时，瘢痍不为害。棕毛加束缚，时亦施钳钛。积久若生成，脱换蛇蝉蜕。要亦待天机，始与化工会。"③满布"瘢痍"的病木，在艺术家的手中脱胎换骨，获得了勃勃的生机。

康熙时嘉定学者陆廷灿《南村随笔》卷六有《盆景》一节，叙朱三松制盆景之法："吾邑出盆景，名闻远迩，与他处之棕线扎缚盘屈而成者迥不相同，始于明季邑人朱三松。摹仿名人图绘，择花树修剪，高不盈尺，而奇秀苍古，具虬龙百尺之势。培养数十年方成。或有逾百年者，栽以佳盎，伴以白石，列之几案间，或北苑，或河阳，或大痴，或云林，俨然置身长林深壑中。"他又说："三松之法，不独枝干粗细上下相称，更搜剔其根，使屈曲必露，如山中千年老树，此非会心

① 《考槃余事》之《盆花笺》。

② 《考槃余事》之《盆花笺》。

③ 此诗名《盆树》，见光绪年间修《嘉定县志》卷八。

元　倪瓒　枯木幽篁图轴　纸本　88.6×30厘米
北京故宫博物院

人，未能遽领其微妙也。秀水朱检讨竹垞先生题余《荻菊图》，有云'鄡城花石爱堆盘，定武红磁尺半宽'，盖指之也。"

朱三松，嘉定人，为明末竹刻艺术家，又善盆景的制作。盆景中的"朱三松法"，就是在盆景制作中，顺应自然之势，爱惜物之天理，选择花木之材，一如叠石者选择山石，视其可以成其势者。经过数年的培植、养育而使之成，反对着意扭曲盘折之风。

康熙时华亭戏剧家黄图珌（1699—1752），《雷峰塔》的作者，他对艺术多有精湛之论。其《看山阁集》卷十三中谈到盆景时也说："盆景贵乎天然，不假雕琢，花树必须苍古，错节盘根，皆其自成，如稍攀折，即不足观矣。"《扬州画舫录》卷十三，记载一僧人盆景艺术家离幻，"好蓄宣炉砂壶，自种花卉盆景一盆，值百金。每来扬州玩好，盆景载数艘，以随插瓶花，不用针与铁丝"。在中国盆景发展史上，高明的盆景艺术家，都是因顺自然之势的高手，而绝少为凌迟自然天性的作手。

黄图珌在谈到梅桩盆景的制作时说："南京有折缚盆梅，枝干下垂，俗呼为罗汉头者，虽得情致，然不若天成老梅，苍古秀劲，其枝干有横斜之势，而无拘束之苦。出其自然，当知人力宁若天工之巧邪？"这一思想，在今天仍然具有重要价值。

"当知人力宁若天工之巧邪"，此问发人深省。

中国优秀的盆景制作讲究气势，绝无病态，更没有猥琐和畏怯，有的是雄视阔步，英气勃勃，即使是一些老干枯枝，经过艺术家的创造，也能神采飞扬，清雅可观。如不少以古松、苍柏、古梅、榆树、榕树等为主体的盆景，极力表现嶙峋傲岸之态。有的盆景的飞枝下探，如神龙入海。岭南派陆学明的大飘枝，就有飞旋之势。有的故意创造出迎风之态，突出其八风不倒的气势。这类"风木"盆景很多。有的榕树盆景，利用其气根旺盛的特点，极力强化其根系深扎之势，有咬定青山的意味。有的盆景取被雷所劈的老根（俗称雷木）为材料，虽经磨难，仍然苍翠如滴，极富历史沧桑感。

如一件圆柏盆景，由盆景艺术家胡乐国制作，取书法中的狂草之法，一笔勾勒，自下而上，流转飞动，末端裹摄锋芒，戛然而止。这件作品行云流水，极有气势，哪里有丝毫病怏怏的意味！

由此可见，中国盆景是真正的枯木逢春，不是将鲜活的树木弄成病木，而是要将一段病木，恢复其生命的活力，将没有魅力的枯木，变成有韵味的艺术形式。

第九章　以境界论盆景

　　盆景制作的根本目的当然是美化人们的生活，这在盆景创建伊始的唐宋时期就为人们所强调。两宋文人艺术的发展，其观念也影响盆景艺术，盆景成了一种"卧游"之具，看盆景，如入真山水中，在室内案上，也可驰骋山林之思。就像其他文人艺术形式一样，盆景的欣赏也不能停留于外在审美的角度。好看，美观，往往并不是盆景艺术家衡量优劣的根本性因素。

　　盆景的最高审美理想是境界的追求，也许看起来并不很好看，但却可以启人思、解人困，引领人进入一个微妙的世界，这成了盆景艺术家的理想世界。盆中之物，山水连绵，绿意婆娑，苔痕历历，古朴天然，配之以独特的陶盆，并与案台、室内陈设等构成相与流动的环境，由此形成一个微妙幽深的空间，观者由此小宇宙，伸展出一个缅邈的世界，其中应有诗家之慧心、画家之妙意、琴者之天音，此般高致，即是盆景艺术家追求之"境"（或云"境界"、"气象"）了。

一　作为人精神延伸物的盆景

中国的盆景起源较早，传为唐代吴道子所作《八十七神
仙卷》（今藏徐悲鸿纪念馆），其中就有仙女手捧盆花的描
写。唐代阎立本《职贡图》中，描写外邦朝贡物品，就出现了
山石盆景，这是图像资料中所见盆景的较早记载。

北京故宫博物院所藏《六尊者像》，作者不详，这件不
大为人提起的作品，其实反映出有关盆景的重要信息。其中
有一段画外邦人士礼佛的场景，一僧静坐，旁侧古老的铜盆
里有盆花。一信众长跪于地，前有宝物呈现，盆中有树石，或
者是珊瑚玉树。这是一件盆景，应该称为山石盆景。

前文曾提到的纽约大都会艺术博物馆所藏据信是五代
人所作之《乞巧图》，入手处有假山，也有盆景，是一种盆景
花卉。

唐　六尊者像

这三幅图反映的是北宋之前的盆景状况，其中突出的一种观点就是视盆景为珍贵的物品，或为贡品，或为彰显家庭地位之物。但在两宋以来，盆景渐渐从一般的珍贵之物跃出，变成人心灵的象征物。在美术作品中，盆景常常是作为突出人物心灵境界的凭依之物。

藏于美国波士顿美术馆的《楼阁图》，为宋人作品，房屋轩敞，空空落落的大院，奇树数株，而最引人注意的是院子中的盆景，迎正屋前门两侧，对称地放置着数盆盆景，盆中有古松和花卉等物，而在回廊处则有盆景一簇，盆栽之物略大，而在院中的台阶等地也有盆景点缀。盆景在这里突出了主人的品位，也渲染出院落的精致，成为一种画面境界的组成部分。

而藏于台北"故宫博物院"的赵佶《文会图》，描写文人聚会之场景。十人围坐桌前，桌上摆有茶具、果盘等，其中

宋　佚名　楼阁图　23.2×24.9厘米　美国波士顿美术馆

题文會圖

儒林華國古今同
吟詠飛毫醒醉中
多士作新知人毅
臺圖猶喜見文雄

白泉謹依
韻和進

明時不與百官同
八表人歸大道中
丁笑當年十八士
經綸誰是出群雄

宋　赵佶　文会图　绢本设色　184.4×123.9厘米　台北"故宫博物院"

宋　盥水观花图　天津博物馆　无款

佚名　狸奴婴戏图　24.5×25.7厘米　美国波士顿美术馆

宋　马远（传）　雕台望云图　25.2×24.5厘米　美国波士顿美术馆

宋　苏汉臣　妆靓仕女图　团扇　绢本设色　25.2×26.7厘米　美国波士顿美术馆

有六个形制奇特的台座上置有花树，这可能也是当时流行的盆栽。

一幅南宋人所作的《盥水观花图》，藏于天津博物馆，此图突出一个"净"字，几位洁净的女子，身着素衣，在庭院中浇灌花木，此中多置盆景。而藏于美国波士顿美术馆的《狸奴婴戏图》，图中在孩子与动物间，画了几盆盆景，或置于台，或落于地，既是一种装饰，又对画面中轻松自然的气氛起到烘托作用。

而同样藏于波士顿美术馆的《雕台望云图》，据传为南宋绘画圣手马远所作，这幅画符合马远绘画的风格，画士人振衣千仞岗、濯足万里流的情怀，其中在高高的楼台上，特别放置数盆盆景，以作为人物精神境界的衬托。

而南宋苏汉臣的《妆靓仕女图》，今藏波士顿美术馆，画仕女装扮活动，在左右放置了多盆盆栽，无非作为人物清洁精神的象征。

盆景，在这里成了人的精神的延伸物，而不是一个外观的对象。这是中国盆景艺术向境界化方向发展的重要表征。

二 盆景中的"心统木石"

综合上文论述可知，中国盆景追求生意，艺术家往往在微型的世界中，安排苍松古梅，配置奇石青苔等，在古拙中体现盎然的生意。但接下来的问题是，难道表现活泼的生意就是盆景艺术的最终追求，或者说是它的最高审美理想？

山林葱郁，花木扶疏，清泉滑落，云气缭绕，大自然有无所不在的生机活力，何苦要经营这区区小盆，等待几片叶儿光临、数朵羞涩的花儿开放！由此看来，作为独立艺术形式的中国盆景当另有追求。

盆景是人的创造，是人灵性浸染的结果。不是在盆中栽上几株花木就叫盆景，那只能叫盆花。如文震亨所说："若盆中栽植，列几案间，殊为无谓，此与蟠桃双果相类。"

盆景是人的独特创造，它是一个小宇宙，一个活的生命世界，一个与我生命相关的世界。假山、树木、苔痕等等，这些都是实在之物，艺术家的万般变化则是虚功，实者虚之，方有妙造。截枝、剪叶、捆扎、配景等，这些都是技术性手段，这些技术练得再娴熟，也不能成为一个盆景艺术家。而在这种种手段之后，有一只看不见的手在紧握着，这就是艺术家的灵心，富有诗情画意的灵心，富有生命关怀、宇宙情愫的灵心。

这样的灵心妙想，才能穿透具体的物、操弄有形的法，穿过寂寞的时空，超越纷扰的世事，翻为艺术的华章。这样创造的盆景艺术才能感人，不是它的形式感人，而是在形式背后有一种力量，一种充满人的温情的力量，一种深邃的历史感、宇宙感和人生感，这样的东西才能感人。

这就是中国盆景艺术所说的"以意为主"、"意在笔先"、"心统木石"。

万法如如，皆为心造，盆景亦当如是。盆景艺术是"意"生之物，是艺术家所创造的一片心灵的世界，一件好的盆景，就是一片心灵的境界。盆景的最高审美理想就是境界的创造。所谓境界，或称为意境，是中国艺术的最高理想，也是盆景艺术所追求的。境界的要义，就是创造一个与自我生命相关的世界。仅仅具有一些形式美感，不能称为真正的盆景艺术，一切好的盆景创造，都带有艺术家个人独特的体验及生命感受。

这和中国美学重境界的传统密切相关。没有这一传统，盆景几乎不能发展成真正的艺术。

椰榆盆景

榕树盆景 吴松恩制

三　有境界则自成高格

王国维在《人间词话》中论词说："词以境界为最上。有境界则自成高格。"

有境界则自成高格，可以说是唐宋以来中国艺术的最高追求，也是中国美学的根本传统。

中国传统艺术其实就是为了表现这样的境界而存在的。中国艺术不是简单地画一只鸟，让你看看是什么鸟，是鹌鹑？是鹧鸪？所谓花鸟画、人物画、山水画都是为了表达人的心境，一片境界就是一片心灵的显现。所谓一花一世界，一草一天国，表达的是人心灵的关注。读古代诗词，如果仅仅是雕章琢句，怎么押韵，什么词牌，仅仅从形式上是没有办法真正理解的。

> 空山不见人，但闻人语响。
> 返影入深林，复照青苔上。

王维的这首小诗，写深山里面看不到人，但是偶尔能听到人的声音，阳光照在深林中，又照到青苔上面。这样的诗翻译过后，西方人可能觉得，如此简单，简直不能叫做诗了。从形式的美感上无法获得关于这首诗的结论。中国古代的很多诗写的是一种心灵的境界，王维写自己的心灵跟着山中清泉、光影跳动悠游，不是单纯写一个外在的物的世界，而是写内在悠远深邃的心灵感觉，它托出的是心灵感觉中的世界。

> 清晨入古寺，初日照高林。
> 曲径通幽处，禅房花木深。
> 山光悦鸟性，潭影空人心。

雀梅英德石盆景　林凤书制

万籁此都寂，惟闻钟磬音。

这是唐代诗人常建的《题破山寺后禅院》，也很简单。清晨到一个古寺里面去，阳光照在高高的树林中；沿着一条崎岖的小路来到幽深之处，禅房就在花木深处；山光和鸟性相互逗趣，低头看前面的一潭清水，使我的心情一片澄明；这真是一个宁静的世界，只是偶尔能听到远方传来钟磬的声音。这首诗把这个山林里面的幽静、深邃、神秘全部凸显出来。不是写一个山林的景色，不是写一个寺院，而是写自己体会到的那种独特的生命哲学，人内在的精神。

比如北宋晏殊《浣溪沙》词写道：

一曲新词酒一杯，去年天气旧亭台。夕阳西下几时回？
无可奈何花落去，似曾相识燕归来。小园香径独徘徊。

他有一种怅惘，是一种美的怅惘，一种忧伤，也是美丽的忧伤，"小园香径独自徘徊"，在寂寞的忧伤中欣赏生命中最美好的东西。生命不可重来，人从小到老，是一个不可逆的过程，所以人如果能够细细地欣赏，而不是成天计算得失的话，得到的东西会更多。踏踏实实地去干，也悠悠闲闲地欣赏。这就是一种境界的显现。

中国艺术重视境界的创造是与它的哲学密切相关的。

中国传统思想从气象和境界上来看人，气象和境界是一个人的整体生命所显示的倾向性，是一种生命的态度，是一种情感倾向，是人的内在生命所释放出来的。中国哲学是一种成人哲学。人是怎么成长起来的，人的个子是怎么长高的，性格是怎么培养的，这是外在的成人之学。而哲学中的成人之学是一种内在心灵的修养，它说的是一个人怎样在这个世界自立，怎样变成一个有意义、有价值、有生命感觉的人，一个感染别人的人，一个对社会产生影响的人。

艺术其实就是这种提升人的心灵境界的形式，一盆盆景不是一个简单的观赏性的景观，而是"生命的清供"，是为人的心灵而设的，是心灵的外化形式。

盆景产生初期的唐代，境界问题已是人们的重要追求。

韩愈有五首《盆池》诗：

老翁真个似童儿，汲水埋盆作小池。
一夜青蛙鸣到晓，恰如方口钓鱼时。

莫道盆池作不成，藕梢初种已齐生。
从今有雨君须记，来听萧萧打叶声。

瓦沼晨朝水自清，小虫无数不知名。

忽然分散无踪影，惟有鱼儿作队行。

泥盆浅小讵成池，夜半青蛙听得知。
一听暗来将伴侣，不烦鸣唤斗雄雌。

池光天影共青青，拍岸才添水数瓶。
且待夜深明月去，试看涵泳几多星。[①]

①《昌黎先生集》
卷九。

在这五首诗中，韩愈所咏叹的是人如何通过盆景来涵泳心性。在小小的盆景中，听潇潇的细雨打叶声，表达的是心灵的感觉。盆池的池光天影所映射的包含人心灵的回旋。

宋人吕胜己有《江城子·盆中梅》词，词写道：

年年腊后见冰姑，玉肌肤，点琼酥，不老花容，经岁转敷腴。向背稀稠如画里，明月下，影疏疏。　江南有客问征途，寄音书，定来无。且傍盆池，巧石倚浮图。静对北山林处士，妆点就，小西湖。[②]

②吕胜己《渭川
居士集》，据《彊村丛
书》本。

明月下品赏这盆古梅盆景，将人带到一个静谧幽深的氛围中，这不老的花容，正安顿人们因岁月流逝所带来的忧伤。老盆古梅傍盆池，又有假山点缀，所展现的是人生命的优游自得的感觉。

明代哲学家薛瑄有《盆池》诗，也在咏叹盆池供瘦石的境界：

圆盆为池底，方石为池铉。
贮水无多子，涵光亦有焉。
影随庭下树，云度镜中天。

好似人心静，森然万象全。^①

这首诗虽表面上具体描写盆池的样态，其实重点在写心灵的"涵光"，心随影动，意共梦迁，由小小的盆景，而优柔回环，竟然盘桓于森然万象之间，得万物皆备于我的深邃体验。前人有诗云："尺许丫杈卷石陲，树根石罅草纷披。绿窗饶有山林意，愧我人非林下姿。"^②这在特有的背景中，盆景之气象出焉。

前人言，盆景之作，一盆二石三花草。三者之和谐结合，方出盆景之高致。高濂《盆景说》论盆景之作认为，盆景之作，不仅在于所选花木是否符合，花木枝叶状态是否有意味，更在于整体的配合，如树与石的相配，苔痕的养育，窑器的选择，盆的器形，甚至放置的位置，也会直接影响盆景的意境创造。

他认为盆景之"盆"，大有讲究："大率蒲草易看，盆古为难。若定之五色划花、白定绣花划花方圆盆，以云板脚为美，更有八角圆盆、六角环盆。定样最多，奈无长盆。官窑哥窑圆者居多，绦环者亦有，方则不多见矣。如青东磁均州窑，圆者居多，长盆亦少，方盆菱花葵花制佳，惟可种蒲。先年蒋石匠凿青紫石盆，有扁长者，有四方者，有长方四入角者，其凿法精妙，允为一代高手。传流亦少，人多不知。又若广中白石、紫石方盆，其制不一，雅称养石种蒲，单以应石置之，殊少风致。亦有可种树者。又如旧龙泉官窑，盈三二尺大盆有底冲全者，种蒲可爱。若我朝景陵茂陵所制青花白地官窑方圆盆底，质细青翠，又为殿中名笔图画，非窑匠描写。曾见二盆上芦雁不下绢素，但盆惟种蒲者多，种树者少也。惟定有盈尺方盆，青东磁间或有之，均州龙泉有之，皆方而高深，可以种树，若求长样，可列树石双行者绝少。曾见宣窑粉色裂纹长盆中分树水二漕，制甚可爱。近日烧有白色方圆长盆甚多，无俟他求矣。其北路青绿泥窑，俗恶不堪经眼。更有烧成兔子蟾蜍刘海荔枝党仙，中间一孔种蒲，此皆儿女子戏物，岂容污我仙灵！"①此中对窑器的分辨极细，甚有可参者。所考量者，唯在盆景之意境创造，非为外在美之观瞻也。

屠隆（1543—1605）《考槃余事》卷四有《盆玩》一节，其中有云："他如春之兰花，夏之夜合黄、香萱，秋之黄蜜、矮菊，冬之短叶水仙、美人蕉，佑以灵芝，盛诸古盆，傍立小巧奇石一块，架以朱几，清标雅质，疏朗不繁，玉立亭亭，俨若隐人君子，清素逼人，相对啜天池茗，吟本色诗，大快人间障眼。"其论盆景，特别注意古雅之石、奇峭之盆相配，以之出清标雅质，凛凛然有逼人之气。此之为得境者。

清曹溶谈到古梅盆景时说："须梅贴梅，更以形小而意大、骨老而颜童者为佳。方寸之木，而虬枝椒眼，琼芳青子，绿阴黄叶，随时消长，诚可玩也。"②所着眼者，也是盆景的意境创造。

中国艺术发展到中唐以后，不仅强调与"人"有关，更强调与"我"有关，形式美感固然重要，但生命意义的传达才是根本。盆景在发展过程中一直没有偏离重视境界的道路，这一传统一直延续到当代。

明代画家孙克弘（1532—1610）有《盆景图册》，八开，曾为吴湖帆、王南屏等所递藏③，现藏于华盛顿弗利尔美术馆。未系年，依吴湖帆后跋，当作于画家晚年。八开作品分别画水仙、古梅、花石、古松、红竹、假山等盆景。一盆一境，如其中一盆古梅盆景，老干虬曲，几朵绰约之花，点缀于老枝之上，创造出一种奇崛古朴的境界。一盆中立黝黑的假山石，石旁有一老木之根，有几朵鲜艳的小花，创作者所考虑也在境界的创造。

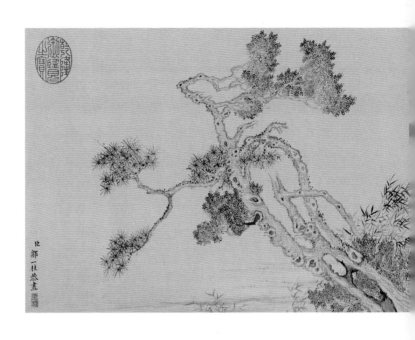

而红竹盆景殊为罕见，其在中国艺术史上渊源很深。有一则关于苏轼的故事写道："东坡在试院以朱笔画竹，见者曰：'世岂有朱竹耶？'坡曰：'世岂有墨竹耶？'善鉴者固当赏于骊黄之外。"[①]黑竹、红竹，都不是现实存在中的绿色竹子，他要画一种有悖常理的存在，就是强调，画中关键者不在物，而在"骊黄之外"，在意象创造中所显现的气象风神。孙克弘别出心裁地画此种盆景，就是对境界的强调。

当代盆景艺术家徐晓白先生创作的《归樵图》，虽然是个老主题，但其表现却有独特的意味。徐先生有诗写此盆景："小桥流水斜，深处有人家。远径归樵晚，无心闲落花。"

我们看岭南派大师素仁的作品，他是个僧人，他的盆景效法倪云林画意，萧散历落，着意简淡，多是一树清高，在平淡中有清气流出。他的很多作品也很有意境。

有境界则自成高格，也是盆景艺术的崇高追求。

①此据戴熙《习苦斋画絮》卷八所引，清光绪十九年刻本。

清　邹一桂　四君子图（局部）　纸本

四　盆景的诗情

徐晓白先生有诗说："要知盆景妙，画意与诗情。神似超形似，无声胜有声。"[①]

画意和诗情两条，是对中国盆景艺术特点出神入化的概括，它所强调的就是境界的创造。或者可以这样说，中国盆景的境界是通过画意和诗情而达到的。首先谈诗情。

自唐代以来，人们在谈论诗画结合的问题时，有"有声画"、"无声诗"的说法。宋人有"有声画"、"无声诗"之说。《林泉高致》说："更如前人言：诗是无形画，画是有形诗。哲人多谈此言，吾之所师。余因暇日阅晋、唐古今诗什，其中佳句，有道尽人腹中之事，有装出人目前之景。"苏轼云："少陵翰墨无形画，韩幹丹青不语诗。"[②]黄山谷说："李侯

①徐晓白《盆景艺术》诗，引自其所著《盆景》，中国建筑工业出版社，1981年。徐晓白（1909—1986），是我国当代著名的盆景艺术家，曾为南京农学院、扬州大学教授。

②《苏诗补注》卷四十八。

有句不敢吐,淡墨写出无声诗。"①北宋僧人惠洪曾有题宋迪《潇湘八景》诗,其引言谓:"宋迪作八景绝妙,人谓之无声诗,演上人戏余,道人能作有声画乎?"②宋王履道题东坡枯木云:"雪里壁间枯木枝,东坡戏作无声诗。"南宋孙绍远曾编有《声画集》,他在《序言》中说:"名之曰声画,用有声无声之意……然士大夫因诗而知画,因画以知诗,此集与有力焉。"

宋人有"作画如骚人赋诗"的重要观点,《宣和画谱》引李公麟的话说:"吾为画如骚人赋诗,吟咏情性而已,奈何世人不察,徒欲供其玩好耶!"说李公麟"甚有山水云烟馀思","至于写朝暮景趣,作长江日出,疏林晚照,真若物象出没于空旷有无之间,正合骚人诗客之赋咏"。所谓"如骚人赋诗",就是强调绘画创作中必须助之以诗情,从绘画的一般形式超升开去,去创造富有诗情的境界。绘画要运思高妙,重视高逸的命意,以生命去融汇对象,使得山川草木成为有诗意的世界。诗情和画意相参,在空间艺术中表现出时间艺术的特点来。

有声画、无声诗或者无形画、有形诗等等说法,就绘画这一造型艺术来讲,就是强调要表现出诗意。当然我们不能将其理解为以诗句来作画,而是说要以诗的精神来贯彻图像的创造。

诗的精神为何?就是虚灵活络的生命感觉。造型艺术的图像空间不能停留在外在空间形式的布置上,而要有心的参融,有生命的感觉,有独特的"感"和"思"。

盆景作为造型艺术之一,也在这样的美学氛围中成长起来。盆景也可以说是一种"有形诗"——它是一种诗意的形式,盆景的根本目的在于创造一种诗意的氛围,从而表达独特的生命感觉和思考。

琉球朴盆景　刘友坚制

当代厦门盆景艺术家刘友坚的一件琉球朴作品《雪松画意》[1]，如皑皑白雪覆盖深山，粗壮虬结的根体，如群山绵延，中间有稍小的枝条平卧，如雪卧中原，而上面则是密密的小枝，呈层林尽染之状。作品无雪而有雪意，意态纵肆，非常耐看。作者所呈现的不是自然的美态，而是生命的玄想，这是一件充满诗意的作品。

中国人将盆景当做"卧游"之具。盆景置于几案间、庭院里，观花观叶，四季皆宜，不下堂筵，而知溪山清远，徘徊户庭，可得自然意趣。古人有所谓"得趣不在多，盆池拳石间，烟霞具足；会心不在远，蓬窗竹屋下，风月自赊"的说法，我们不能仅仅将此看做是爱好自然山水的趣味，盆景绝不是外在山水花木的替代物，"卧游"是心灵的安顿，而不光是外在自然美的欣赏[2]。这里所谈的"趣"，就是一种诗意。

中国盆景以古木苔痕来表达生意，通过盆景的"活趣"

①苏本一、林新华主编《中外盆景名家作品鉴赏》，第35号，中国农业出版社，2002年。

②"卧游"本是绘画中的一个术语，由南朝宋宗炳提出，所谓"老病俱至，名山恐难遍游，唯当澄怀观道，卧以游之"，作山水画张之于壁，以尽山林之想。后人以"澄怀卧游宗少文"名之，北宋山水画家王诜（晋卿）说："要学宗炳澄怀卧游耳。"元倪瓒说："一畦杞菊为供具，满壁江山作卧游。"

六道木盆景　葛宗远制

和"生趣"，表达心灵中的微妙的生命感觉。中国哲学有"观我生，观其生"的说法①。苏轼诗云："起行西园中，草木含幽香。榴花开一枝，桑枣沃以光。……杖藜观物化，亦以观我生。"②宋代哲学家罗大经说："明道不除窗前草，欲观其意思与自家一般。又养小鱼，欲观其自得意，皆是于活处看，故曰：'观我生，观其生。'"③通过观照生生世界，从而开阔心胸、体验宇宙。其实，中国盆景致力于表现的"生意"，正是"与自家意思一般"，"观天地生物气象"的主要目的，在于敷陈自我内在的生命感受。

沈复《浮生六记》卷二谈到盆景的制作时说：

至剪裁盆树，先取根露鸡爪者，左右剪成三节，然后

①此本《周易》观卦，此卦九五爻辞说："观我生，君子无咎。"上九爻辞说："观其生，君子无咎。"
②《苏轼诗集》卷十三。
③《鹤林玉露》卷三《活处观理》条。

起枝。一枝一节，七枝到顶，或九枝到顶。枝忌对节如肩臂，节忌臃肿如鹤膝；须盘旋出枝，不可光留左右，以避赤胸露背之病；又不可前后直出。有名双起三起者，一根而起两三树也。如根无爪形，便成插树，故不取。然一树剪成，至少得三四十年。余生平仅见吾乡万翁名彩章者，一生剪成数树。又在扬州商家见有虞山游客携送黄杨翠柏各一盆，惜乎明珠暗投，余未见其可也。若留枝盘如宝塔，虬枝曲如蚯蚓者，便成匠气矣。

这里叙述了很多技法，但又提醒人们不要溺于匠气，一落匠气，技胜于道，有形无情，盆景便缺少了灵魂。他说他生平所见没有灵魂的盆景太多了。这里谈到很多具体的操作方法和避忌，为什么要选根露鸡爪，为什么剪枝忌对节、忌臃肿，为什么不能流于插树之弊，沈复都没有明说，其实这些形式因素都包含表达性灵的原因。

这说明，盆景要以"意"统帅"技"。当代盆景发展过程中，出现了大量的"小和尚念经，有口无心"式的作品，作品的形式也不是了无可观，但就是缺乏感动人的东西，多为老调重弹之作，醉心于复制，没有新意，缺少个人体会，缺少真实的生命感受，很多好的材料却是"明珠暗投"。这与一些创作者对中国盆景艺术的真实内涵缺少实质把握有关。

五 盆景的画意

在中国艺术种类中，盆景是一种与绘画最接近的艺术。没有中国绘画的传统，几乎不可能出现盆景艺术，盆景是中国画的延伸形式，它是立体的画。在中国，画被称为"无声诗"，山水画不是空有外在山水的面目，而要有诗情，所谓诗

扬州瘦西湖　牌匾

情，就是有超越于形式的精神因素荡漾其间。

现代艺术家周瘦鹃曾说：他的盆栽有很多是依照古人的名画来做，他做成的盆景有唐寅的《蕉石图》、沈石田的《鹤听琴图》、夏仲昭的《竹趣图》和《半窗晴翠图》、清王烟容的《新蒲寿石图》等，真所谓小小盆景入画图。

郑板桥曾为一座园林题下"小李将军画本"，盆景也是"小李将军画本"。盆景与中国画的亲缘关系主要体现在山水画上。

中国盆景的发展，自始至终都贯穿了水墨山水的精神。世界上，只有中国人发明了水墨山水画，而今天为世界人们所喜爱的盆景产生于中国，水墨山水画具有肇创之功[①]。中国盆景重视"画意"，就是重视盆景的境界创造。

高濂《遵生八笺》卷七《起居安乐笺》上卷中有《盆景说》，其云："盆景之尚，天下有五地最盛，南都，苏松二郡，浙之杭州，福之浦城，人多爱之。论值以钱万计，则其好可知。但盆景以几桌可置者为佳，其大者列之庭榭中物，姑置勿论。如最古雅者，品以天目松为第一，惟杭城有之，高可盈

①盆景的发展也受到花鸟画的影响，但是我认为最主要的是受到山水画影响。因为即使是盆松、古梅等花卉盆景，往往也多以山石为配景，组成一种独特的山石花卉的关系。

尺，其本如臂，针毛短簇，结为马远之欹斜诘曲、郭熙之露顶
攫拿、刘松年之偃亚层叠、盛子昭之拖拽轩翥等状，栽以佳
器，槎牙可观。他树蟠结，无出此制。更有松本一根二梗三
梗者，或栽三五窠，结为山林排匝，高下参差，更多幽趣。林
下安置透漏窈窕昆石、应石、燕石、蜡石、将乐石、灵璧石、
石笋。安放得体时，对独本者，若坐冈陵之巅，与孤松盘桓；
对双本者，似入松林深处，令人六月忘暑。除此五地，所产多
同，惟福之种类更夥。"

　　这段论述，论盆景之品第，言盆景之画意诗情，尤以此
说最为剀切。而文震亨 (1585—1645) 也说："最古者以天目
松为第一，高不过二尺，短不过尺许，其本如臂，其针若簇，
结为马远之欹斜诘曲、郭熙之露顶张拳、刘松年之偃亚层
叠、盛子昭之拖拽轩翥等状，栽以佳器，槎牙可观。又有古
梅，苍藓鳞皴，苔须垂满，含花吐叶，历久不败者，亦古。"[1]

　　高濂，生卒年不详，生于嘉靖年间 (1521—1566)，主
要活动于万历年间 (1573—1620)，比文震亨生活时间早很
多。显然，《长物志》关于盆景之说是直接取自于《遵生八
笺》的。

　　明张涟《东郊土石物盆景石诗》说："太山石韫土，埋没
孰知好。谱自云林传，名并昆山噪。"[2]他说有些石头非常适
宜做盆景，可以做出倪云林画中的意味。

　　清程庭鹭在《练水画征录》中谈到徽派盆景时说："以
画意裁剪小树，供盆盎之用玩。"

　　明末顾起元说他的盆景所选之树木，"务取其根干老而
枝叶有画意者"[3]。

　　陈淏子《花镜》有关于苏州盆景发展动向的记载，"近
日吴下出一种仿云林山树画意"的作品，他认为这样的作品
可为"雅人清供也"。

①《长物志》卷二
《盆玩》。这里所说的
马远、郭熙、刘松年是宋
代山水画家，盛子昭 (盛
懋) 是元代山水画家。

②宣统刊《杭州府
志》卷八十四。

③《客座赘语》
卷一。

宋　苏汉臣　侲童傀儡图　23.6×23厘米

前引陆延灿所说的，盆景经过数十年乃至百年以上的培养，"栽以佳盎，伴以白石，列之几案间，或北苑，或河阳，或大痴，或云林，俨然置身长林深壑中"④，寓大画家之画意入盆景之中。

黄图珌《看山阁集》闲笔卷十三"芳香部"记载一段关于缨络柏盆景的制作经验，颇有深意，他说："宜用白石长盆，叠山盛水，于石坡畔植之，颇得画意。凡花俱可作盆景，难于苍古奇异，苟或得之，又须于苍古奇异中求其自然，而无一毫屈曲勉强，体致既已兼备，情景亦必相生，始可供幽人之清玩矣。"

这里提出盆景的制作"体制"、"情景"、"画意"三者之间的关系值得玩味。体制是基础，这是其"实"，无此"实"则无盆景艺术可言。然此"实"中又必须有"虚"的考虑，这就是他所说的"情景"，也就是我上文所说的境界的创造，制作者通过此形要表现什么，何处着意，何处拈提，何处蹈虚入无，这即是中国艺术所说的"妙在牝牡骊黄之外"，盆景也不例外。高下品第往往由此可判矣。而在"情景"的虚的考虑中，"画意"最不可忘，这倒不是要模仿某某画家的图式去创造，而是要有独特的空间感、画面感，要有"入画性"。

园林中有步移景改的追求，面面观，面面不同，时时披览，皆有新意。盆景制作其实也是如此，好的盆景欣赏，就是可以"面面观"，有八面风神。盆景体量较小，又往往是独立地被置于几案间，是一个空间意义的决定者，盆景制作者于此岂可不细审！

黄图珌所说的"须于苍古奇异中求其自然"，可以说是中国盆景艺术的最高审美理想。这也是中国盆景艺术与日本盆栽差异的关键点。

④这里的北苑指五代画家董源，河阳指北宋画家郭熙，大痴指元代画家黄公望，云林指元代画家倪瓒。

后　记

　　拙著《真水无香》出版后，曾接到不少园林界、赏石界等方面的朋友的来信，谈到书中涉及的一些与石头、园林相关的文字，对理解中国艺术这方面的问题有一些参考价值，希望我将这方面的内容扩展而独立成书，以便参稽。

　　现在我基本完成了这项工作，呈现出来，盼望读者提出宝贵意见，以便未来完善。本书出版得到中华书局的支持和帮助。责任编辑马燕老师为本书的出版竭尽心力，在此表示衷心的感谢。

　　感谢在本书写作和出版过程中给予我无私帮助的所有朋友。

作者记于2015年8月18日